LE DÉFI PAYSAN
EN AFRIQUE

Le laamido et le paysan dans le nord du Cameroun

COLLECTION ALTERNATIVES RURALES
dirigée par Dominique Desjeux

Dans la collection « Alternatives rurales »

Guy BARTHÉLÉMY, *Chipko. Sauver les forêts de l'Himalaya.* 144 pages, 22 gravures hors-texte.

Denys CUCHE, *Pérou nègre.* Les descendants d'esclaves africains du Pérou. Des grands domaines esclavagistes aux plantations modernes. 182 pages.

INSTITUT PANAFRICAIN POUR LE DÉVELOPPEMENT. *Comprendre une économie rurale.* Guide pratique de recherche. 172 pages.

Jean PAVAGEAU, *Jeunes paysans sans terres.* L'exemple malgache. 208 pages.

Jean-Luc POGET, *Le beefsteak de soja : une solution au problème alimentaire mondial ?* 168 pages.

Les sillons de la faim. Textes rassemblés par le Groupe de la Déclaration de Rome et présentés par Jacques Berthelot et François de Ravignan. 225 pages.

Jean-Paul BILLAUD, *Marais poitevin.* Rencontres de la terre et de l'eau. 265 pages.

Rémi MANGEARD, *Paysans africains.* Des Africains s'unissent pour améliorer leurs villages au Togo. 308 pages.

Philippe BERNARDET, *Association agriculture-élevage en Afrique.* Les peuls semi-transhumants de Côte d'Ivoire. 240 pages.

François BESLAY, *Les Réguibats.* De la paix française au Front Polisario. 192 pages.

Adrian ADAMS, *La terre et les gens du fleuve.* Jalons, balises. 244 pages.

Anne-Marie HOCHET, *Afrique de l'Ouest. Les paysans, ces « ignorants efficaces ».* 176 pages.

Jean-Pierre DARRÉ, *La parole et la technique.* L'univers de pensée des éleveurs du Ternois, 200 pages.

Pierre VALLIN, *Paysans rouges du Limousin.* 366 pages.

Dominique DESJEUX (sous la direction de), *L'Eau. Quels enjeux pour les sociétés rurales ?* 222 pages.

Jean-Claude GUESDON, *Parlons vaches... Lait et viande en France.* Aspects économiques et régionaux. 156 pages.

David SHERIDAN, *L'irrigation. Promesses et dangers. L'eau contre la faim ?* 160 pages.

Nicole EIZNER, *Les paradoxes de l'agriculture française.* 160 pages.

Lloyd TIMBERLAKE, *L'Afrique en crise.* La banqueroute de l'environnement. 300 pages.

Anne CADORET (sous la direction de), *Protection de la nature ; histoire et idéologie.* De la nature à l'environnement. 246 pages.

Étienne BEAUDOUX, Marc NIEUWERK, *Groupements paysans d'Afrique.* Dossier pour l'action. 244 pages.

MOTAZE Akam

LE DÉFI PAYSAN EN AFRIQUE

Le laamido et le paysan dans le nord du Cameroun

Éditions L'Harmattan
5-7, rue de l'École-Polytechnique
75005 Paris

P. MACLOUF (Textes réunis par), *La pauvreté dans le monde rural*. 332 pages.

Jean CLÉMENT, Sylvain STRASFOGEL, *Disparition de la forêt*. Quelles solutions à la crise du bois de feu ? 192 pages.

R. VERDIER, A. ROCHEGUDE (sous la direction de), *Systèmes fonciers à la ville et au village*. Afrique noire francophone. 300 pages.

Bernard KALAORA, Antoine SAVOYE, *La forêt pacifiée*. Sylviculture et sociologie au XIXe siècle. 136 pages.

Dominique GENTIL, *Mouvements coopératifs en Afrique de l'Ouest*. Interventions de l'État ou organisations paysannes ? 270 pages.

Dominique GENTIL, *Pratiques coopératives en milieu rural africain*. 150 pages.

Marie-Christine GUÉNEAU, *Afrique. Les petits projets de développement sont-ils efficaces ?* 232 pages.

Pierre-Marie METANGMO, *Développer pour libérer*. L'exemple de Bafou : une communauté rurale africaine. 158 pages.

Jean-Pierre MAGNANT, *La terre Sara, terre tchadienne*, 382 pages.

Maryvone BODIGUEL, *Le rural en question*. Politiques et sociologues en quête d'objet. 187 pages.

Michel MORISSET, *L'agriculture familiale au Québec*. 206 pages.

Dominique DESJEUX, *Stratégies paysannes en Afrique Noire*. Essai sur la gestion de l'incertitude. 270 pages.

ISBN : 2-7384-0625-4

à Béatrice Motaze et aux
paysans du Nord Cameroun

Introduction

Le lamidalisme est lié à la pénétration peule dans le nord du Cameroun (1). Les recherches entreprises jusque-là ne font pas encore l'unanimité en ce qui concerne la date précise de cette pénétration dans cette région du pays. Cependant, les Peuls ou Fulbé qui y arrivèrent sont ceux de la grande migration connue vers 1300 provenant de l'Afrique de l'Ouest. Cette migration est le fait de ceux qui étaient à la recherche des pâturages dans le Bornou. Ces premiers Fulbé se distinguaient de ceux qui les suivirent par le fait qu'ils étaient païens et avaient cohabité paisiblement avec les tribus animistes trouvées sur place. Ils s'assujettissaient même à elles.

Dès le XVIIIe siècle, cette migration alla croissant et connut trois grandes vagues. L'une se dirigea vers le Yedseram jusqu'à la Bénoué, l'autre jusqu'au Baguirmi vers l'Est et la troisième à travers l'Empire du Mandara jusqu'à la plaine du Diamaré. Ces migrations aboutirent à long terme à la fondation des lamidats (2). Le jihaad prêché et mené par Sehou Ousman Dan Fodio est contemporain de la conquête du Nord Cameroun par les Fulbé. En 1804, Sehou Ousman Dan Fodio fonda une confédération composée de l'Empire de Sokoto et regroupant tous les lamidats du Nord Cameroun en trente États dans l'Adamaoua.

(1) Il s'agit notamment dans cet ouvrage de la province de l'Extrême-Nord regroupant les lamidats de Kaélé, Maroua, Mora et une partie de la province du Nord qui rassemble les lamidats de Guider.

(2) Un islamologue tel que J.-M. Cuoq corrobore cette hypothèse ; voir *Les Musulmans en Afrique*, Maisonneuve et Larose, Paris, 1975, 522 p., p. 311.

Modibbo Adama qui reçut de Dan Fodio le drapeau insigne traduisant son intronisation comme laamido de Yola en 1806 continua la guerre ; il fait figure aujourd'hui de l'un des grands héros de la conquête musulmane au Nord Cameroun. Adama avait pour mission de mener la guerre sainte « pour la religion et non pour capturer les esclaves et garnir son "harem" », lui avait précisé son prédécesseur. Il entra en guerre contre le sultan de Mandara, envahit les Mofou, les Daba entre Maroua et Garoua ; à l'est il vainquit les Mundang à Pala au Tchad. Adama mourut en 1848.

Dans le Diamaré, le laamido Hayatou régna à Maroua, obtint de devenir sultan du micro-État du Mandara resté, avec le lamidat de Rey Bouba, indépendant de la confédération des États de l'Adamaoua. Par la suite, le laamido Hayatou, prince et descendant d'Ousman Dan Fodio, s'allia à Rabah pour continuer le jihaad. Il sera mis à mort sur ordre de ce dernier en 1899, alors que Rabah lui-même va mourir un an plus tard à Kousséri. Toutes ces figures historiques ont fait pénétrer l'islam dans le nord du Cameroun. Deux constats essentiels peuvent découler de cette situation historique :

1) les conquêtes fulbé ont implanté au nord du Cameroun un système social spécifique et étranger au milieu sociologique local : le lamidalisme ;

2) à l'intérieur de ce système les mécanismes de reproduction ont toujours eu comme base la domination des Fulbé musulmans sur les animistes païens-kirdi.

Un trait général marque par conséquent les communautés villageoises du Nord Cameroun, il est fonction de l'histoire qu'elles ont connue : il n'est pas la conversion à l'islam des autochtones, mais la mise en place des chefferies fulbé dont la « sharia » règle la production sociale, c'est-à-dire toutes les activités humaines. Le lamidalisme, produit historique de la conquête peule au Nord Cameroun, est le cadre dans lequel se tissent tous les rapports sociaux au sein des communautés villageoises — musulmanes ou animistes — de cette région. Le lamidalisme en est arrivé là parce qu'il a su se placer au-dessus d'autres phénomènes historiques internes et externes à l'islam soufi : les confréries et la colonisation européenne.

A l'instar de la plupart des pays de l'Afrique de l'Ouest (Sénégal, Niger, Burkina, etc.), l'islam amené au nord du Cameroun depuis le début du XIXe siècle est l'islam soufi qui se manifeste déjà au sud du Sahara dès le XVe siècle. L'islam soufi se caractérise dans

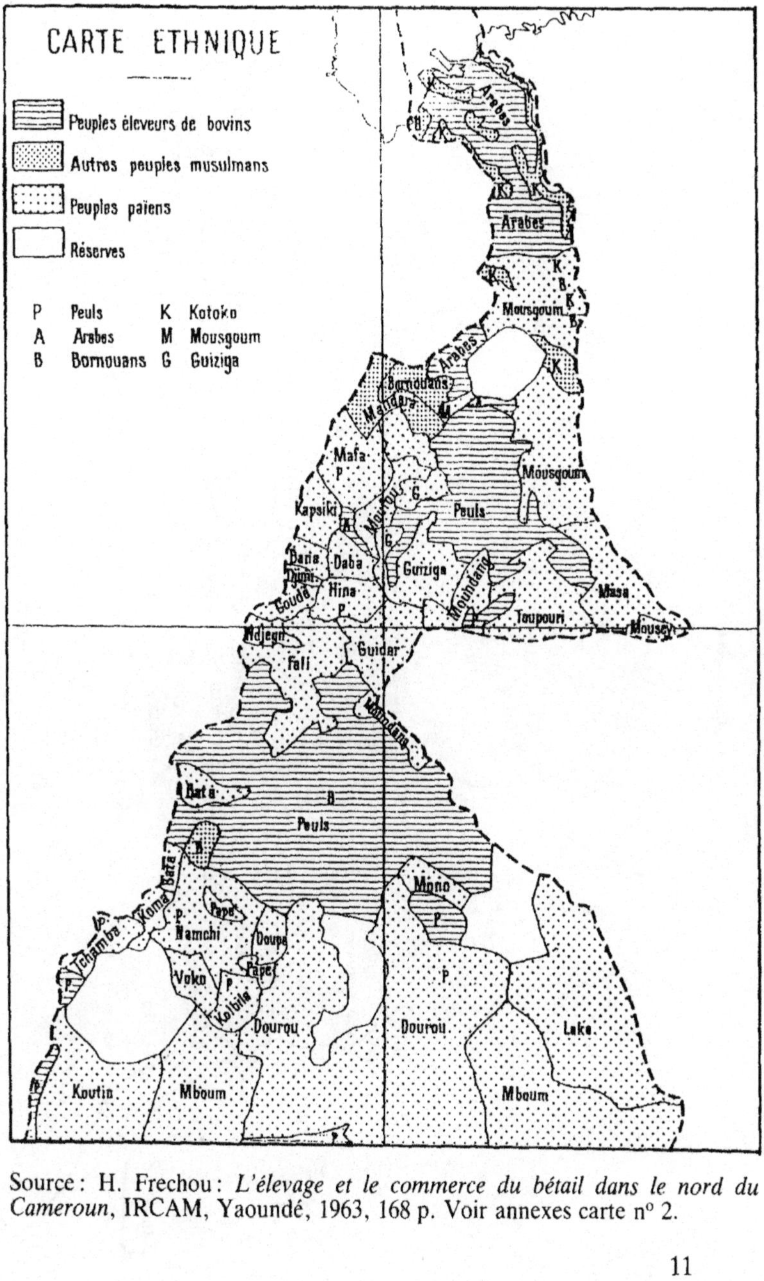

Source : H. Frechou : *L'élevage et le commerce du bétail dans le nord du Cameroun*, IRCAM, Yaoundé, 1963, 168 p. Voir annexes carte n° 2.

CARTE II
RÉGION-CENTRE DANS
L'EXTRÊME-NORD DU
CAMEROUN

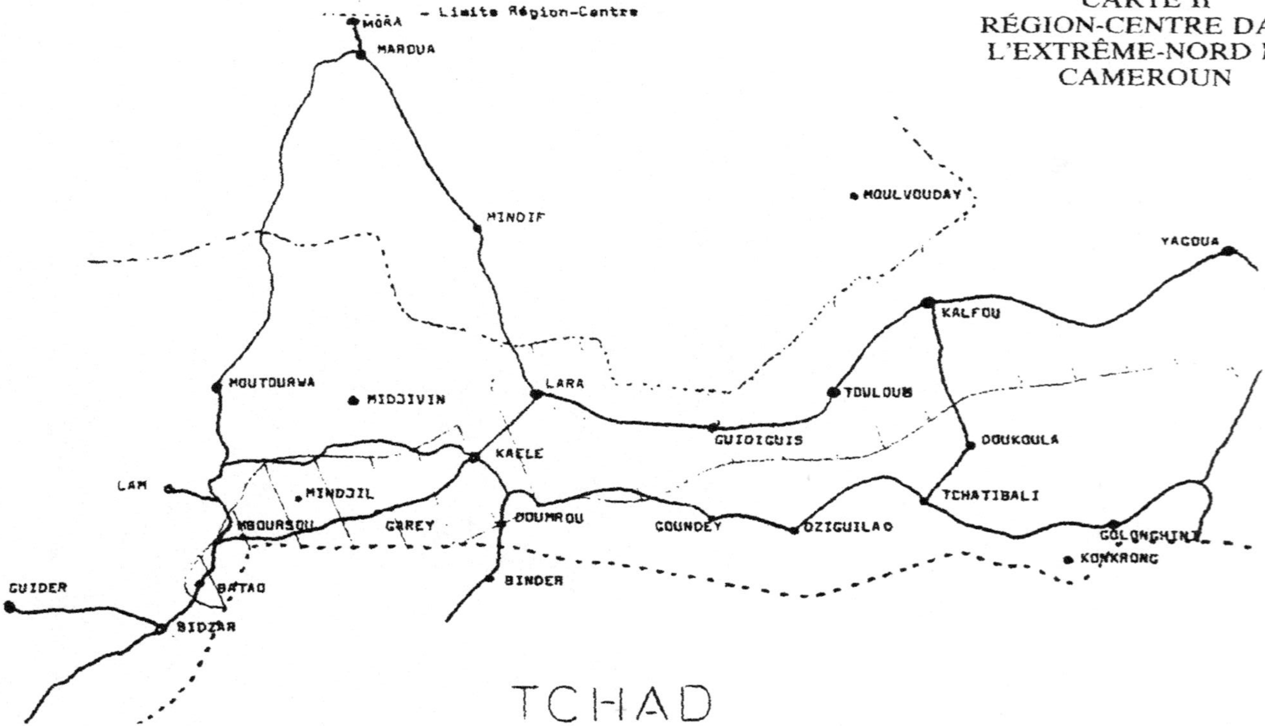

l'ouest africain par trois faits fondamentaux depuis la conquête du Maghreb par les Arabes : la propagation de l'écriture sainte, le désir d'atteindre, même par force, les païens, pour étendre un contrôle politique, économique et doctrinal, et le militantisme dont les manifestations sont les guerres saintes du XIXe siècle. En fait, l'islam soufi peut se définir comme une prétention de ses adeptes à préserver l'orthodoxie de la voie tracée par le Prophète, d'où souvent ses éclatements en sectes et confréries (3).

Le nord du Cameroun a connu par conséquent trois importantes confréries : la Qâdiriyya, la Tijâniyya, la Maadhiyya. La Qâdiriyya la plus ancienne aurait été amenée par Ousman Dan Fodio. Mais cette hypothèse est remise en question par P.-F. Lacroix et P. Alexandre. Dan Fodio n'ayant jamais reçu le « wird » du « qadri » (4). Le centre de la Qâdiriyya est Garoua dans la zone de la Bénoué, mais elle semble avoir d'autres adeptes dans l'Extrême-Nord où certains marabouts de Maroua se réclament à la fois d'elle et de la Tijâniyya qui l'a évincée. Quant à cette dernière, elle a été introduite au Nord Cameroun vers 1840 par Mohamman Bello qui reçut le « wird » de El Hadj Oumar Tall et le transmit à Adama. La confrérie tijâne est à la base des grands foyers musulmans du Cameroun en général : Foumban (à l'ouest du pays), Ngaoundéré, Tibati, Banyo et celui du puissant lamidat de Rey Bouba. Ayant évincé la Qâdiriyya dans sa principale zone d'implantation, Garoua, le nord du Cameroun semble actuellement partagé entre deux confréries que constituent les tijânes et les mahdistes.

La confrérie mahdiste, d'essence peule, a marqué l'histoire du Nord Cameroun. La légende attribue la prédiction à Ousman Dan Fodio que le mahdi devait être un Peul de Maroua à la fin du XIXe siècle. Mais, en général, les tenants de cette confrérie ont été tour à tour, le Moodibbo Abdullahi, le prince Hayatou, Amagobdo Konara, Ahmadou Tourningal, Ahmadou Goni Waday. Ce qui est particulier, et qui caractérise cette confrérie, c'est son refus des

(3) Pour de plus amples informations sur l'islam soufi, voir : Donald Cruise O'Brien ; « La filière musulmane, confréries soufies et politique en Afrique noire ». *Politique Africaine* n° 4, 1981, pp. 7-30 ; on pourra se reporter aussi à deux ouvrages de Christian Coulon, *Le Marabout et le Prince (Islam et Pouvoir au Sénégal)*, Pedone Paris, 1981, 317 p. et *Les Musulmans et le Pouvoir en Afrique noire*, Karthala, Paris, 1983, 169 p.

(4) Voir P.-F. Lacroix, « L'islam peul de l'Adamaoua », *Islam in Tropical Africa*, Oxford University Press, 1966, 470 p., pp. 401-406 ; (Éd. I. Lewis) ;

P. Alexandre, « Cameroun », *Islam en Africa*, van Nostrand Reinhold Company, 1969, 339 p., pp. 270-277.

différences sociales. Elle représente dans l'histoire de l'islam du Nord Cameroun la plaidoirie pour un islam de plèbe. C'est certainement ce qui explique les luttes sanglantes qu'elle mena contre le lamidalisme et le colonialisme européen dont les structures hiérarchiques étaient les mêmes. La confrérie mahdiste, liguée contre la rapacité et les abus commis par les deux systèmes, partit en guerre contre les lamidats de Yola. Le contexte historique favorable au lamidalisme amena le colonialisme européen à combattre les mahdis.

L'évolution du conflit après la Deuxième Guerre mondiale a abouti à la consolidation du pouvoir lamidal par le système colonial car en 1910, 1911, 1923, 1939, de sérieuses répressions ont eu lieu contre les mahdis, répressions menées d'abord par les Allemands (1910-1911) et après par les Français (1923-1939).

La notion de lamidalisme n'est donc pas stricto sensu une invention abstraite et qui nous serait propre. Elle part de ce que l'on appelle, au nord du Cameroun, lamidat. Un lamidat lui-même est une étendue géo-administrative correspondant à ce que les colons français ont appelé canton. Cependant, ce sont surtout les travaux de Renaud Santerre sur l'école coranique peule dans le nord du Cameroun qui nous ont inspiré la notion de lamidalisme. Santerre emploie le terme de « structure lamidale » à partir duquel nous avons déduit celui de lamidalisme (5). Cette déduction n'est pas simpliste. Elle renvoie à un champ d'observation qui est la société nord-camerounaise dans son organisation traditionnelle influencée par la société peule, qui elle-même a subi les influences des tribus haoussa, bornouan, mandara, etc. et par le mode de production capitaliste.

Pour définir le lamidalisme, l'approche doit être pluridisciplinaire. L'historien, le géographe, le psychologue, l'ethnologue, l'anthropologue, le sociologue... ont chacun leur mot à dire. Mais, pour ne pas s'embourber dans une compilation de données susceptibles de noyer une approche que nous voulons essentiellement sociologique, nous le saisissons en tant que système que nous appellerons système lamidal.

Si l'on examine rapidement la genèse du système lamidal, son étude diachronique révèle facilement que ses conditions de possibilité sont extérieures au Nord Cameroun en particulier et au

(5) R. Santerre et M. Tremblay Céline (sous la direction de), *La Quête du Savoir, Essais pour une Anthropologie de l'Éducation camerounaise*, PUM, 1982, 889 p., p. 331 et suivantes.

Cameroun en général. Celles-ci sont dans la relation d'une double dépendance du paysan sujet envers son laamido, grand chef politico-religieux. Cette dépendance elle-même a ses origines dans l'islam soufi et est d'ordre personnel et idéologique. Le paysan dépend personnellement du laamido parce que ce dernier est son grand chef politico-religieux, voire un seigneur féodal. Idéologiquement, le laamido est le représentant d'Allah sur terre ; ses rapports sociaux avec les paysans sont consacrés par l'islam soufi : ils sont ainsi couverts par une idéologie d'essence islamique issue d'une certaine interprétation du Coran. Or, au départ, l'islam soufi est un élément de culture étranger au Nord Cameroun. Nous avons évoqué plus haut les conditions de sa pénétration liée au lamidalisme dans cette partie du monde. La relation de dépendance établie entre le paysan et son laamido et qui se présume dans une forme d'interprétation du Coran est par excellence la condition de possibilité du système lamidal et sa composante essentielle.

La croissance de l'importance du lamidalisme est liée à la politique économique commerciale axée sur les cultures de rente pratiquées par la colonisation. Les premiers essais débutèrent avec la culture arachidière dont la production et les rendements, caractérisés par une faiblesse notoire, s'avérèrent aussitôt néfastes. En 1951, l'administration coloniale française introduisit le coton comme culture de rente (6). Les laamibé (7), devenus chefs de cantons, étaient en fait des instruments de la pression coloniale pour que les paysans s'attellent forcément à la culture du coton. Jusqu'à présent, le paysan du Nord Cameroun n'a jamais oublié l'image du « bâton » reflétée par cette culture et celle du laamido, comme agent de sa diffusion. La colonisation française renforça davantage ses appuis au système lamidal qui, par le canal des laamibé, lui permettait de collecter facilement les impôts que la culture du coton devait aider à payer. Il n'est donc pas malaisé d'avancer aujourd'hui que l'épanouissement et l'affermissement du système lamidal sont inextricablement liés au développement de la culture cotonnière.

A ce titre, les stratégies conquérante, économique et commerciale de l'administration coloniale française dans le nord du

(6) Un auteur situe l'introduction du coton comme culture de rente sous la colonisation allemande qui implanta à Pitoa près de Garoua un petit centre d'essais agricoles dirigé par le Dr Wolff. Il s'agit de Marcel Roupsard, « Les étapes de la culture cotonnière au Nord Cameroun », *Revue de Géographie du Cameroun*, vol. II, n° 2, 1981, pp. 121-133.

(7) Laamibé, pluriel de Laamido.

Cameroun sont aussi les conditions historiques qui ont dynamisé la restructuration de la relation de double dépendance du paysan sujet au laamido. C'est dans un contexte de pénétration d'une politique coloniale et du mode de production capitaliste amenés par l'agriculture commerciale et l'économie de traite que le nouvel agencement de la relation sociale laamido-paysan sujet trouve sa meilleure expression dans le Nord Cameroun.

Par conséquent, le lamidalisme, dans le contexte actuel, peut se définir comme un système socio-idéologique de nature importée puisque bâti sur un fond islamique soufi combinant un autre élément de culture importé : le mode de production capitaliste. Le lamidalisme renvoie à ce titre à une formation économique et sociale dont la complexité réside dans l'articulation des différents modes de production antérieurs avec le mode de production capitaliste actuellement prédominant (nous y reviendrons plus loin).

Parler donc du défi paysan c'est parler d'un tout : islam, paysans, capitalisme, développement rural et leurs dérives sociologiques qui sont les dépendances, les dominations, la marginalisation. De récentes études relatives à l'Afrique montrent la prédominance des ruraux sur les citadins. Le Nord Cameroun qui intéresse plus particulièrement cette étude compte deux millions d'habitants dont les urbanisés ne constituent qu'une minorité de 9% (8). Dans un ouvrage antérieur, le même auteur a montré les fortes quantités des masses rurales vivant dans les « brousses africaines » (9). Le capital humain qui constitue l'une des composantes des forces productives n'est donc pas encore composé en termes majoritaires en Afrique noire par des ouvriers (comme en Europe du XIXe siècle), mais plutôt par des paysans et des éleveurs. L'intérêt que les classes dirigeantes et les gouvernements africains portent au développement rural met toujours en actualité les problèmes ruraux. L'étude des problèmes inhérents au milieu rural permet ainsi non seulement de saisir la paysannerie africaine dans les rapports sociaux de production, mais aussi de comprendre les mutations à l'intérieur des formations sociales africaines en gestation (10). L'évolution des milieux ruraux africains devient le

(8) Voir Ela J.-M., *La ville en Afrique noire*, Karthala, Paris, 1983, 219 p., p. 20.

(9) Ela J.-M., *L'Afrique des villages*, Karthala, Paris, 1982, 228 p.

(10) Voir à ce propos, le tome I du livre de Gabriel Gosselin, *L'Afrique désenchantée (Sociétés et stratégies de transition en Afrique tropicale)*, Anthropos, Paris, 1978, 374 p.

« thermomètre » qui permet de se prononcer sur le développement des forces productives rurales : plus les paysans se retrouveraient dans des conditions de vie relativement bonnes, plus la politique agricole de certains gouvernements africains s'avèrerait positive.

Dans cette optique il faut tenir compte du fait selon lequel plusieurs politiques agricoles sont pratiquées par les pays d'Afrique noire. D'après Gérard Grellet (11), elles peuvent se ramener à trois : les politiques de destructuration, les politiques de capitalisme d'État libéral et les politiques socialistes.

Concernant le Cameroun, sa politique agricole s'inscrit de façon générale dans les politiques du capitalisme d'État libéral. Une telle conception entraîne le libéralisme planifié qui peut s'interpréter comme une politique favorisant la libre entreprise avec intervention du gouvernement en termes d'orientation, selon les choix économiques jugés prioritaires. Le libéralisme planifié encourage plus les investisseurs étrangers et promeut la dépendance.

Dans cette optique, la problématique du développement rural se pose ainsi au niveau des rapports sociaux des acteurs de ce dernier. Dans le nord du Cameroun, elle n'est autre que la saisie des acteurs du développement rural dans leurs rapports de production. Contrairement donc aux études appréhendant le développement rural au niveau de sa pure administration, sa problématique change ici de centre de gravité pour se situer au cœur des relations sociales entretenues par les acteurs eux-mêmes.

Les productions sociales de l'administration des organismes d'intervention en milieu rural et celles des opérations de développement rural se manifestent plus aujourd'hui par des inégalités sociales en milieu villageois, la formation des groupes dominants qui contrôlent les biens produits par les opérations de développement et des groupes dominés rassemblant les petits paysans qui se caractérisent par la marginalisation. Les rapports sociaux

Voir aussi Belloncle G, *La Question paysanne en Afrique noire*, Karthala, Paris, 1982, 110 p.

Malgré le caractère généraliste de cet ouvrage, (puisque tous les villages africains ne reposent plus sur une base aussi communautaire que le pense son auteur), il a le mérite de proposer une transition qui exclut une vision évolutionniste (par étapes) des communautés rurales africaines.

(11) Grellet G., *Les structures économiques de l'Afrique noire*, PUF, Paris, 1982, 179 p.

constituent dès lors la problématique du développement rural dans le nord du Cameroun.

Le défi paysan implique donc ici une étude des rapports sociaux tels qu'ils s'articulent dans le système lamidal, rapports sociaux constituant pour le paysan un défi à relever en les inversant. Mais aussi défi de la part des gouvernants qui prétendent promouvoir les paysans et leurs conditions d'existence par des projets dont le contenu sera donné dans les lignes qui suivent.

CHAPITRE PREMIER

Le lamidalisme et les acteurs sociaux du développement rural dans le nord du Cameroun

La notion d'acteur social paraît au départ ambiguë. On connaît un acteur tout court à travers le cinéma, le théâtre, etc. L'acteur de cinéma ou de théâtre est-il un acteur social ? Oui. Dès qu'il est imbriqué dans un tissu de rapports sociaux en vue d'une action sociale dans la vie pratique, il est acteur social. La différence entre acteur de cinéma et acteur social se situe d'abord au niveau où l'acteur de cinéma et de théâtre joue un rôle en termes de personnage d'un acteur social. Cependant la similitude entre acteur de cinéma, de théâtre ou de roman et acteur social est que, forcément, les deux ont un rôle déterminé. La notion de rôle implique nécessairement celle d'acteur. L'acteur d'un roman par exemple joue le rôle d'un acteur social à travers le personnage qu'il incarne. Alors que le rôle du premier est fictif, celui du second est réel. Le rôle ici contribue aussi à différencier l'acteur d'un cinéma, théâtre ou roman de l'acteur social.

Il n'y a pas d'acteurs sociaux sans pratique sociale qui les imbrique dans un système de relations. En effet, les études qui s'intéressent sociologiquement à la notion d'acteur social sont surtout consacrées à la sociologie de l'action (1). Guy Rocher

(1) Voir notamment : Rocher G., *Introduction à la sociologie générale, l'action sociale*, t. I, Éd. HMH Ltée, 1968, 186 p.
Touraine A., *Pour la sociologie*, Seuil, Paris, 1974, 243 p. ; *Le Retour de l'acteur*, Fayard, Paris, 1984, 349 p.

parle d'acteurs sociaux dans un palier déterminé de l'action sociale (2). Il dit que :

> « Lorsqu'on passe au palier des acteurs eux-mêmes on ne peut que constater que leurs options individuelles sont déjà conditionnées par ce qu'on peut appeler les options collectives : c'est-à-dire par des orientations caractéristiques de leur société ou de la majorité de ses membres (3). »

Ici se dégage l'une des caractéristiques essentielles des acteurs sociaux : ils sont nécessairement liés à un groupe, à une collectivité pour une action. C'est un ou des individus engagés dans une action, et donc observables à travers un champ déterminé. On voit se dessiner là des relations sociales qui déterminent des rôles aux acteurs sociaux. Ces rôles peuvent être en contradiction avec leurs intérêts spécifiques ou personnels.

A. Touraine abonde en ce sens :

> « L'acteur, qu'il s'agisse d'une classe ou de toute autre catégorie, ne doit être défini que par sa place dans une relation sociale, donc dans un mode d'action de la société sur elle-même (4). »

Les acteurs sociaux peuvent donc paraître soit en termes d'individus insérés dans des relations sociales, soit en termes de classes que Touraine définit comme des « acteurs » conflictuels de l'historicité (5), soit même comme une autre catégorie sociale.

Des deux auteurs évoqués nous dégageons trois constantes :

1. Les acteurs sociaux peuvent être constitués d'un ou de plusieurs individus, voire de classes sociales, d'autres catégories sociales.
2. Les acteurs sociaux ne peuvent s'entendre que dans des relations sociales déterminées pour une action sociale et un ensemble auquel ils appartiennent.
3. Les acteurs sociaux sont, compte tenu des rapports sociaux où ils sont insérés, essentiellement en conflit. Dans cet ordre d'idées, ces constantes caractérisent, définissent dans le cadre de cette étude, les acteurs sociaux.

(2) Rocher G. op. cit., p. 84.

(3) Rocher G., Ibid.

(4) Touraine A., *Pour la sociologie*, op. cit., p. 66.

(5) Touraine A., *Ibid.*

Ainsi définissons-nous les acteurs sociaux du développement rural dans le nord du Cameroun comme tout individu, groupe et catégorie sociaux déterminés par des relations sociales découlant de l'action sociale qu'est le développement rural.

Le système lamidal est le champ d'observation par excellence des acteurs sociaux du développement rural dans le nord du Cameroun. Ceci est dû au simple fait qu'il est sous-système et en même temps lieu où se cristallisent tous les rapports sociaux des acteurs du développement rural des concessions (Saaré) à la société internationale. L'observation des acteurs sociaux du développement rural ne peut s'y faire que de façon graduelle pour ne pas laisser échapper le moindre groupe social qui de près ou de loin est engagé dans les activités agro-pastorales ou les influences dans le nord du Cameroun. Nous partirons donc des concessions, avec leurs « stratifications » (cadets-aînés, femmes-hommes, salariés-patrons, maîtres-esclaves) pour nous limiter à la société internationale en passant par le village, la classe dirigeante et la technobureaucratie camerounais.

Si nous considérons la classe dirigeante, la technobureaucratie camerounaise et la société internationale comme acteurs sociaux du développement rural, il convient cependant de faire remarquer que ces groupes sociaux ne sont pas directement observables dans le système lamidal. On peut saisir l'action des deux premiers à partir des organismes de développement rural qu'ils créent au Nord Cameroun, mais ils appartiennent à une sphère non lamidale : l'administration moderne. S'ils se localisent dans certains lamidats ce n'est que la matérialisation de la déconcentration administrative au Nord Cameroun comme l'atteste le cas des bureaux administratifs de la SODECOTON dans plusieurs lamidats. Il en est de même de la société internationale dont le rôle d'acteur est palpé par nous au niveau de l'exportation du coton, des mécanismes de fonctionnement du marché mondial et de la détérioration des termes de l'échange affectant les planteurs dans le nord du Cameroun. Nous rangerons d'ailleurs ces groupes sociaux dans ce que nous appellerons « acteurs extra-lamidaux ».

Le système lamidal nous offre un cadre d'observation pertinent en ce sens qu'il permet la configuration des rapports sociaux entre les laamibé, les paysans, la classe dirigeante, les technobureaucrates et la société internationale dont le rôle dans la production agro-pastorale est prépondérant. A partir des phénomènes d'innovation technologique relevant des projets de développement rural tels l'introduction des cultures de rente, les nouvelles méthodes culturales (utilisation des produits chimiques comme les engrais, les semis en ligne pour la culture du coton, la culture attelée, les marchés de coton), nous pouvons saisir les inter-relations essentielles entre les acteurs sociaux du développement rural au nord du Cameroun. Ces derniers se divisent ainsi en deux groupes sociaux : le groupe interne répondant directement au système lamidal. Il est scindé en deux : les laamibé ou l'aristocratie lamidale et les paysans-sujets. Le groupe externe est composé de la classe dirigeante et ses technobureaucrates ponctionnant le surplus de la production agro-pastorale pour approvisionner les caisses de l'État et de la société internationale comme classe supérieure du Centre, ponctionneuse aussi, mais surtout détentrice des mécanismes de fixation de prix au producteur sur le marché mondial où sont écoulées les cultures de rente.

Si nous partons de l'hypothèse selon laquelle les acteurs sociaux du développement rural dans le nord du Cameroun sont des individus ou des groupes sociaux engagés dans les activités agro-pastorales ou qui les influencent de près ou de loin en restant en interaction avec le système lamidal, nous commencerons par les paysans producteurs directs et les laamibé qui assument leur contrôle dans les lamidats.

Ainsi les lamidats, de Guider à Mora en passant par Kaélé-Guidiguis, présentent les acteurs sociaux lamidaux du développement rural au niveau de deux échelles : les concessions et la communauté villageoise.

I — LES CONCESSIONS (SAARE)

Les enquêtes que nous avons menées ont révélé le caractère hétéroclite des concessions dans notre zone d'étude. Ces dernières connaissent des clivages internes qui permettent de classifier, à cette première échelle, les différents acteurs sociaux du développement rural. Nous les avons regroupés en une rubrique : la population active. Est considéré comme actif tout individu âgé de cinq à soixante ans, non victime d'une infirmité le condamnant à l'immobilisme, cultivant le coton, les sorghos et autres... et pratiquant l'élevage. Dans cette rubrique, il y a des aides familiaux considérés comme des personnes ne disposant pas de leurs propres concessions et par conséquent non mariées vivant encore chez leurs parents et ne cultivant pas au même titre des champs personnels. Enfin, il y est tenu compte des chefs de concession. Si la force de travail d'un individu participe à la reproduction du saaré, s'il (l'individu) assume en tant qu'aîné les fonctions de gestion et de contrôle de la circulation des biens au sein de son saaré, il est considéré comme son chef, sauf quand il s'agit d'une femme.

Certaines femmes fulbé auraient pu être considérées comme chefs de saaré, mais compte tenu du fait que ces dernières n'héritent pas du bétail, qu'elles ne participent pas aux activités agro-pastorales, nous avons écarté l'hypothèse de les insérer dans un tel statut. Le chef de saaré, de par son âge, est ainsi la porte d'entrée et de sortie de tous les biens produisant et reproduisant la concession.

Les acteurs sociaux du développement rural dans une concession renvoient aux « stratifications » inhérentes à celle-ci qui permettent aisément de saisir les quatre ordres de rapports sociaux qui la régissent à la base et à partir desquels nous déduirons les différentes catégories socio-professionnelles constituant effectivement les acteurs sociaux du développement rural à l'échelle saaré. Il s'agit des rapports de parenté, des rapports matrimoniaux, des rapports de salariat et des rapports esclavagistes.

A) Les rapports de parenté

Les rapports de parenté regroupent tous les consanguins ayant un ancêtre commun. Aussi lignages, clans, sous-clans, tribus ou ethnies sont-ils régis par eux. Mais nous les restreignons aux rapports entre chefs de saaré, leur progéniture et leurs apparentés directs (sœurs, frères, autres membres de leur famille). Dans la plupart des saaré que nous avons visités, c'est à cette vision que se heurtait l'observation des rapports de parenté. Cependant ce qui nous intéresse en eux est non seulement qu'ils constituent des rapports de production, mais aussi présument des clivages induisant une certaine division du travail. Aux tâches les plus dures et difficiles sont confrontés les chefs de saaré dans les milieux païens où ils sont en contact avec la nature contrairement au milieu profondément islamisé où ils n'utilisent que de la main-d'œuvre servile ou salariée. Le débroussage, l'abattage, la recherche du bois, etc. leur reviennent donc. Les enfants âgés de cinq à quinze ans, considérés comme une partie des aides familiaux, font du gardiennage de bœufs, aident au sarclage, aux semis, chassent les oiseaux pillards qui veulent détruire les semis du mil. Les autres aides familiaux, dont l'âge varie de quinze à trente-cinq ans, pratiquent presque les mêmes genres de travaux que le chef de saaré.

En effet, la problématique des rapports de parenté comme rapports de production a été largement élaborée par l'anthropologie marxiste française en ce qui concerne les sociétés dites « primitives ». Y analysant les rapports de parenté, Emmanuel Terray en est arrivé à parler d' « un mode de production lignager » ou « tribal villageois » (6)... Pierre Philippe Rey et Pierre Bonté ont, de leur côté, suivi la trajectoire tracée par Terray malgré les oppositions intervenues entre les trois et ont démontré tour à tour que les rapports de parenté recélaient les rapports de production et même que dans les sociétés lignagères, les rapports de parenté masquaient les rapports de classe. Dès lors que les aînés s'appropriaient les moyens de production, les rapports de production se tissaient désormais entre les cadets et eux (7).

Dans le nord du Cameroun, les liens de parenté à l'intérieur d'un saaré présument déjà le procès de travail entre cadets et aînés et le procès de production. Chaque saaré dispose d'un espace agropastoral sur lequel sa production s'effectue à partir des liens de parenté entre père et fils. La circulation des biens (distribution et redistribution) est fonction de la « stratification » interne du saaré. Les aînés assument le contrôle et la gestion de toute la production. Dans les lamidats de Kaélé, Boboyo, Lara, Guidiguis, Guider, Mora, ceux-ci ne manquent pas de verser dans certains abus de pouvoir. Ce qui induit dans la plupart des saaré des rapports conflictuels entre les cadets et les aînés. Ceci est surtout observable au niveau de la production cotonnière à l'occasion de laquelle les chefs de saaré accaparent tout le numéraire au détriment des jeunes ; et de ce fait les premiers ne permettent pas aux seconds d'avoir accès au bétail. Dans le lamidat de Guidiguis certains jeunes ont initié leurs propres champs de coton afin d'être indépendants du pouvoir des aînés en matière de contrôle et de gestion, mais aussitôt ils se sont heurtés à l'accès à la terre : problèmes fonciers dont nous parlerons plus loin.

Au sein des saaré les acteurs sociaux du développement rural

(6) Terray E., *Le marxisme devant les sociétés « primitives »*, Maspéro, Paris, 1969, 177 p.

(7) Voir : *Dialectiques; anthropologie tous terrains*, Maspéro, Paris, 1977, n° 21, 154 p.

Voir également Pouillon F. (sous la direction de), *Anthropologie économique (courants et problèmes)*, Maspéro, Paris, 1976, 158 p.

que sont les chefs de saaré et leurs enfants se saisissent dans des rapports de parenté entraînant les conflits sociaux partant de la circulation des biens. A ce premier stade d'observation, les acteurs sociaux du développement rural sont régis par des rapports de conflit entre cadets et aînés. Les relations parentales se colorent des relations sociales par les procès de travail et de production. Il n'est pas, dans cet ordre d'idées, erroné de parler de rapports sociaux de parenté. Le terme impliquant nécessairement les contradictions et les conflits régissant à cette échelle les cadets et les aînés dans la production agro-pastorale du système lamidal.

Cependant, il convient de noter que les procès de travail et de production du saaré s'articulent sur une instance idéologique qui les légitime et qui les a supportés jusqu'alors. Selon les structures sociales traditionnelles du système lamidal, les cadets doivent respecter inconditionnellement les aînés. Système casté et fortement hiérarchisé, l'idéologie hiérarchique comme l'a montré Jean Pavageau (8), légitime les procès de travail et de production entre les cadets et les aînés sociaux au sein des saaré, malgré les vents de contestation actuellement observables au niveau de certains jeunes relativement scolarisés. Ce schéma s'observe à peu près au niveau des rapports matrimoniaux.

B) Les rapports matrimoniaux

On ne saurait réduire les procès de travail et de production d'un saaré aux rapports sociaux de parenté. Ce serait limiter les acteurs sociaux qu'on perçoit à partir de celui-ci aux apparentés. Les rapports matrimoniaux ont aussi une place importante en tant qu'ils permettent de saisir la place des femmes dans les procès de travail et de production. Ceci amène à examiner le clivage homme-femme, fonction des « stratifications » sociales internes au saaré évoquées précédemment.

Le clivage homme-femme dans le système lamidal est complexe. Il ne s'observe pas de façon harmonieuse dans toutes les concessions. Maurice Godelier a montré la domination uniforme des femmes par les hommes chez les Baruya de Haute Guinée (9). Cette domination part des signes extérieurs caractéristiques des hommes pour enfin s'appréhender au niveau du procès de travail.

(8) Voir Pavageau J., *Jeunes paysans sans terres, l'exemple malgache*, L'Harmattan, 1978, 207 p.

(9) Godelier M., *La production des grands hommes*, Fayard, Paris, 1982, 370 p.

Tel n'est pas le cas dans le Nord Cameroun. Le système lamidal est foncièrement complexe en ce qui est de sa composition ethnique. Cette complexité joue fondamentalement au sein des saaré selon qu'on est chez telle catégorie d'ethnies ou chez telle autre. Chez les tribus originellement islamisées, comme les Fulbé, les Haoussa, les Arabes choa, les Bornouan ou celles profondément islamisées telles que les Mandara et les Mundang, les femmes n'occupent pas une grande place dans les activités agro-pastorales ; leurs travaux se réduisent au ménage, notamment chez les Fulbé, les Mandara, les Bornouan, les Arabes choa et les Haoussa. Elles ne sortent presque pas. Leur espace d'activité se confine à l'intérieur des saaré, sinon aux vérandas de ceux-ci où elles s'exercent au petit commerce. Elles assument « la reproduction simple » qui peut s'entendre ici en termes d'assurer la descendance et d'entretenir l'autosubsistance alimentaire de la concession. Les chefs de saaré de ces ethnies ne sont pas eux-mêmes des producteurs directs. Leur main-d'œuvre salariale provient des différents courants migratoires dans lesquels ils recrutent les originaires des ethnies « païennes » ou kirdi. Dans la plaine de Mora, Kaélé et de Guidiguis, nous l'avons largement montré dans des travaux antérieurs chez les Mandara de Tokombéré, de Mémé, Warba, Makalingai, chez les Fulbé de Dumru et de Guidiguis, voire chez les Mundang profondément islamisés de Kaélé, Boboyo, Lara (10). La force de travail dans ces ethnies provient donc des rapports de salariat voire esclavagistes.

Chez les Mundang, la situation est nuancée. Ceux qui se sont profondément islamisés comme ceux de Kaélé ont adopté les mêmes attitudes que les Fulbé, les Mandara et autres envers le travail tout court. D'autres dont l'islamisation n'est qu'un « mot de passe » permettent effectivement d'observer les rapports matrimoniaux dans les procès de travail et de production. Ces derniers sont de Djidoma, Lara, Boboyo. A eux s'ajoutent d'autres groupes ethniques tels que les Tupuri de Kourbi, Dubané jusqu'à Kar-Hay, les Guiziga de Mumur ; Muturua, Midjivin, voire les Guidar de Lam aux environs de Guider. Chez eux les rapports matrimoniaux comme rapports de production se matérialisent à travers une relative division sexuelle du travail et, parfois, par une relative

(10) Voir Motaze A., *Problématique du changement social ; l'évolution des milieux ruraux dans le nord du Cameroun : esquisse*, Bordeaux, 1983, 123 p. ; *État moderne et dynamismes sociaux en milieu rural dans le nord du Cameroun*, Bordeaux, 1983, 100 p.

indépendance de la femme vis-à-vis de l'homme. Les femmes ont individuellement leurs champs. Une partie de notre équipe de recherche enquêtant sur les exploitations agricoles a montré qu'un saaré peut compter de quatre à neuf champs dont quatre à cinq peuvent revenir exclusivement à la femme (11). Cette dernière peut ainsi être propriétaire des champs de sorgho rouge (djigari), de sorgho blanc (yolobri), de mil pénicillaire (yadiri), de mil jaune repiqué (muskwari), de mil blanc repiqué (babouri) ou d'autres cultures telles que le voandzou, les arachides, le maïs, le manioc, voire le coton, etc.

Chez les Mundang l'organisation du travail agricole reste complexe, varie selon les saaré et en fonction de l'entente entre le mari et sa ou ses femmes. Mais, contrairement aux Fulbé, la femme mundang n'est pas réduite à n'exercer que les activités purement ménagères. Nous avons vu qu'elle est libre de cultiver ses champs personnels ; aussi à l'instar de son mari, dispose-t-elle de son propre grenier comme nous le verrons chez les Tupuri. Son grenier est voué à assumer l'auto consommation du saaré. Il est relayé dans cette fonction par celui du mari, une fois à terme. En effet, la culture des sorghos pour la femme mundang obéit à un double objectif qui se situe à la fois dans l'économie traditionnelle et l'économie commerciale : nourrir le saaré et subvenir aux besoins pécuniaires le plus souvent personnels. A ce titre, elle assure le mets traditionnel du mil, elle peut faire aussi de la bière de mil qu'elle vend en cas de manifestation des besoins en numéraire pour s'acheter des habits ou des ustensiles de cuisine.

Par ailleurs, même si les activités relatives aux champs du mari sont prioritaires, la femme mundang s'engage à cultiver un champ personnel de coton. Ici se perçoit difficilement la division sexuelle du travail dans la mesure où l'homme et la femme peuvent faire parallèlement le même genre de travail dans leurs champs respectifs. Les acteurs sociaux du développement rural dans le cadre des rapports matrimoniaux chez les Mundang nous offrent des espaces agraires ou agro-pastoraux qui ne sont pas uniquement les champs d'observation du contact entre l'homme et la terre. Les femmes vont même jusqu'à pratiquer le petit élevage (volaille, porcins, ovins, caprins, etc.) au même titre que les hommes.

En revanche, la femme tupuri, en dépit du fait qu'elle peut aussi

(11) Voir Sa'adate Y., *Étude des exploitations agricoles dans le département de Kaélé au Nord Cameroun*, DGRST, ISH, CRED, juin 1982, 67 p.

disposer des champs personnels des sorghos et du voandzou, surtout à Kar-Hay, est d'abord contrainte d'assurer la subsistance des membres du saaré. Disposant également d'un grenier séparé de celui de son mari, elle doit cependant le maintenir plus fourni que celui de la femme mundang. Le grenier de l'homme contient ce que l'on appelle communément « mil de case » en milieu tupuri. La femme est donc, en gros, responsable de la nourriture du saaré. Quand bien même elle vend son mil, c'est pour des besoins de famille. Ici, il y a une relative division sexuelle du travail, car la femme sème, récolte, tandis que l'homme débrousse. Cependant la femme peut aussi pratiquer le petit élevage, elle peut avoir des chèvres, de la volaille, des ânes, des moutons, mais pas de bœufs. La femme chez les Tupuri étant un bien dont on hérite, son travail est compensé par l'achat des pagnes par l'homme. Ceci explique en partie la prolifération du phénomène polygamique qui paraît plus lié à un certain prestige social.

Le grenier de l'homme est surtout utilisé pour des cérémonies sacrificielles qui ont une place importante dans l'univers culturel et symbolique des Tupuri. Ainsi, les champs des cultures vivrières dont les propriétaires sont les femmes sont relativement prioritaires. Pendant la saison des pluies, il est assez difficile à l'homme de mobiliser la main-d'œuvre familiale ou celle de sa ou ses femmes puisque chacune d'elles accompagnée de ses enfants travaille dans les champs de sorgho de saison des pluies dont les récoltes sont vouées à l'autoconsommation. Les champs de coton, les activités pastorales les plus intenses reviennent à l'homme. Pour des activités liées à la récolte, aux semis, au repiquage, au sarclage, le chef de saaré utilise la main-d'œuvre familiale et celle de sa ou ses femmes ; à ce titre, on assiste souvent à des conflits de culture, notamment entre le voandzou et le coton qui se récoltent en même temps. Ces conflits consacrent aussi ceux entre les acteurs sociaux du développement rural régis par les rapports matrimoniaux puisque le voandzou cultivé exclusivement par les femmes et le coton par les hommes, reflètent une certaine division sexuelle du travail en milieu tupuri.

Chez les Guiziga, la femme est une véritable force de travail pour l'homme. Seules les veuves et quelques vieilles encore capables de travailler disposent de champs de sorgho personnels. Pour l'homme guiziga, c'est un gaspillage de temps et de force de travail de laisser à la femme la possibilité d'avoir un champ personnel. En fait, l'homme est tenu de fournir la subsistance alimentaire jusqu'aux condiments pour la sauce. Le mil pour le repas est pris du grenier de l'homme qui en distribue à sa ou ses femmes.

Néanmoins, pour des besoins pécuniaires, la femme cultive des petits champs traditionnels de coton où les facteurs de production modernes tels que les engrais, l'urée, etc. ne sont nullement pris en compte. Cependant, ces derniers lui procurent des revenus allant jusqu'à 10 000 F CFA au maximum ; au même titre, la femme fabrique de la bière de mil qu'elle vend.

Les Guidar de Guider font observer les mêmes données. Il n'y a pas à proprement parler une division sexuelle du travail. Ceci est manifeste dans les travaux agricoles où les hommes et les femmes pratiquent presque les mêmes activités. Les champs de sorgho appartiennent aussi bien aux hommes qu'aux femmes. C'est au niveau de la culture du coton que l'on peut effectivement remarquer que les hommes s'attellent plus à la culture intensive et les femmes à la culture traditionnelle. Cependant, compte tenu du fait que les femmes travaillent souvent dans des champs intensifs avec leurs maris, au niveau de certaines activités telles que le sarclage, les récoltes, les femmes participent ainsi au même titre que les hommes aux activités agricoles.

Dans le lamidat de Lam, près de Guider, nous avons observé sur le terrain l'univers symbolique et idéologique des Guidar à partir de leurs fêtes coutumières. A travers la fête du nouveau-né, la fête des jumeaux, la fête du « musgla » ou celle des récoltes, etc., il apparaît que les femmes sont une véritable force de travail. S'agissant même des activités pastorales, les femmes ont une large participation dans les travaux liés à la volaille, aux caprins, voire aux ovins. Tout comme chez les Tupuri et dans les saaré non islamisés mundang, elles ont leur grenier à part et manifestent une autonomie dans toutes les activités agro-pastorales, sauf l'élevage du grand bétail.

Les rapports matrimoniaux se saisissent ainsi comme de véritables rapports de production au sein du système lamidal, notamment dans les lamidats à prédominance « païenne ».

C) Les rapports de salariat

C'est dans les saaré des ethnies fulbé, mandara, bornouan, arabe choa que les rapports de salariat sont perceptibles. Mais, dans la mesure où l'islamisation devient un phénomène consacrant une homogénéité culturelle entre ces ethnies et les animistes qui s'islamisent comme le dit si bien Chantal Guilmain Gauthier dans une thèse sur les Fali (12), les rapports de salariat sont devenus aujourd'hui aussi perceptibles dans les saaré des « païens » actuellement islamisés et adoptant les modes de vie des Fulbé sociologiquement dominants.

Les rapports de salariat renvoient à deux ordres de travailleurs dans les saaré du système lamidal : permanents et saisonniers. Les manœuvres, ou salariés permanents, sont logés et nourris par le chef de saaré. Aussi n'ont-ils pas de salaire fixe. Selon l'humeur du chef de saaré, ils bénéficient de certains cadeaux, aussi bien en nature qu'en numéraire. Les saisonniers sont ceux qui viennent travailler, soit à la journée, soit pour une période déterminée allant d'un jour à un mois, mais qui n'habitent pas chez le chef de saaré. Ils sont surtout des émigrants provenant des zones où le sorgho de saison sèche n'est pas cultivé ou des zones où se manifestent des pressions foncières comme celles de monts Mandara et certaines zones des plaines. D'autres sont les « banana » venus du Tchad.

Dans la plaine de Kaélé et de Guidiguis, la main-d'œuvre salariée est surtout utilisée chez les Fulbé de Guidiguis et de Dumru. A Kourbi, les paysans tupuri sans terre sont obligés de devenir salariés agro-pastoraux. Dans les plaines de Mora et de Koza, les Kirdi descendus en plaine pour changer leurs conditions matérielles se retrouvent dans les rangs des salariés agro-pastoraux chez les Mandara de Tokombéré, Mozogo, Kérawa, Makalingaï, Mémé et Warba. De la plaine de Kaélé et de Guidiguis à celle de Mora, les différentes activités auxquelles se livrent les salariés agro-pastoraux sont notamment le débroussage, le sarclage, le gardiennage des bœufs (cf. tableau ci-après).

En effet, le salariat agro-pastoral connaît actuellement une large diffusion auprès des saaré des ethnies animistes islamisées comme les Mundang de Kaélé, les Guidar de Mayo-Luti. Ainsi les rapports de salariat configurent deux catégories d'acteurs sociaux du développement rural à l'intérieur des saaré : les producteurs indirects que sont certains chefs de saaré, surtout les islamisés et les producteurs directs que sont les salariés permanents et saisonniers. Les rapports de salariat sont à ce titre des rapports sociaux.

(12) Voir G. Gauthier Ch.-G., *Organisation et vie familiale des Fali du Nord Cameroun*, thèse 3e cycle ethnologie, UER des Sciences sociales et psychologiques, Bordeaux II, 1980, 2 vol., 463 p. multigr.

Tableau 1 :
Rémunération en fonction de certaines activités agro-pastorales

Activités	Espace en ha	Salaire en F.CFA.
Débroussage	0,25	3.000
Sarclage	0,25	7.000
Repiquage	0,25	5.000
Gardiennage et pâture	-	5.000
Coton	1 ha	10.000 à 12.000

D) Les rapports esclavagistes

Dans le nord du Cameroun, il est complexe d'affirmer que l'esclavage existe ou n'existe pas. Cette complexité naît du fait que les rapports esclavagistes sont observables dans les saaré des laamibé dont le libre accès à un chercheur considéré comme un étranger est relativement difficile. Cependant, dans la plaine de Kaélé, un de nos informateurs a pu nous introduire chez un Al Hadji où nous avons pu observer des esclaves (13). Dans la plaine de Mora, d'autres informateurs nous ont révélé l'existence d'esclaves au sein des saaré de certains chefs traditionnels.

L'esclavage a dans le nord du Cameroun deux sources : la naissance dans la servitude et la capture par les razzias ou la guerre entre musulmans et « païens » (jihaad), du siècle dernier (14). Les

(13) Nous en avons observé quarante-huit : il s'agit de Djamanhti, Duroy, Djollo, Guedal, Djani, Mognal, Barka, Alhamdou, Worde, Guende, Issiaka, Riskou, Oori, Allahoyni, Bangoudou, Harissou, Andissali, Matche, Djabbo, Djabdilou, Djabwailou, Daddi, Besdi, Hairou, Issa, Abdou, Sali, Salatou, Ireima, Harande, Hari, Doudma, Djabnai, Lesnai, Tchakakadi, Djokito, Allahdjahba, Bigaola, Salamatou (femme), Aissata (femme), Hebbini (femme), Gourdo (femme), Belaka, Alahere, Hamina (femme), Hamayidi, Hassiatou (femme).

(14) L'esclavage féminin est décrit au nord du Cameroun par Marcel Pollaud-Dulian dans son livre, *Aujourd'hui l'esclavage, servitude et esclavage contemporain*, Éd. ouv., Paris, 1967, 214 p.

rapports de production esclavagistes existent dans les milieux fortement islamisés : Dumru, Mora, Fulbé de Guidiguis, voire dans les milieux où il y a des païens esclavagistes comme Kaélé. L'esclave se reconnaît dans le nord du Cameroun par le fait qu'il ne manifeste aucun désir de vivre de façon autonome. Il participe directement à plusieurs activités agro-pastorales et assume une diversité de fonctions économiques dans le saaré de son maître. Il contribue à l'accroissement des capacités de production et par conséquent à l'accumulation inégale (15).

Rapports de parenté, rapports matrimoniaux, rapports de salariat, rapports esclavagistes s'insèrent ici dans le cadre des rapports sociaux de production permettant à l'échelle des saaré d'avoir une vue d'ensemble des acteurs sociaux du développement rural dans le nord du Cameroun et des conflits potentiels qui les sous-tendent. Nous reparlerons plus loin des acteurs induits par ces différents rapports sociaux dans la problèmatique des classes sociales. Car nous nous référons actuellement à l'autre niveau d'observation des acteurs sociaux du développement rural dans le système lamidal qu'est le village.

II — LES COMMUNAUTÉS VILLAGEOISES

L'autre palier d'observation des acteurs sociaux du développement rural dans le système lamidal est le village. Il s'agit de souligner schématiquement les « stratifications » sociales permettant leur saisie au sein des relations sociales qui se tissent dans la communauté villageoise tout entière.

Dans le nord du Cameroun, les communautés villageoises ont toujours été présentées comme régies par une harmonie à la base (16). Une telle vision exclut tout conflit éventuel et voile le statut réel des acteurs sociaux du développement rural. Or, à partir de la description que nous venons de faire des acteurs sociaux du développement rural à travers les rapports qui les régissent dans la micro-unité d'observation qu'est le saaré, se profilent déjà les

(15) Ces données concordent avec ce que rapporte Claude Meillassoux (et d'autres) : *L'esclavage en Afrique noire précoloniale*, Maspéro, Paris, 1975, 582 p.

(16) Voir à ce propos Martin J.-Y., *Étude des communautés villageoises et démarches sociologiques* et Pontie G., « Intérêts et limites de la référence au cadre villageois pour l'étude d'une société rurale : les Guiziga » in *Communautés rurales et paysanneries tropicales*, T.D ORSTOM, n° 53, 1976, pp. 131-181.

germes de conflit susceptibles d'alimenter les contradictions sur lesquelles les concessions sont bâties et, partant, les communautés villageoises. C'est comme le dit Engels dans l'*Anti-Dühring* :

> « Les sociétés primitives ne sont pas égalitaires et contiennent les germes de la formation des classes et de l'État. Ceux-ci se développent lorsque les individus au service de la communauté transforment leur pouvoir de fonction en pouvoir d'exploitation sans cesser d'assumer les fonctions d'intérêt général qui leur étaient confiées et qui continueront à justifier leur domination. » (17)

Un tel ordre d'idées nous invite à jeter un regard schématique sur les groupes sociaux des communautés villageoises nord-camerounaises, autrement dit les lamidats. Un lamidat présente ainsi deux grandes strates : les castes ou ordres sociaux et les sujets. Comme nous le montrerons systématiquement au cours de cette étude, le système lamidal est déterminé par la religion. C'est la lutte entre les musulmans et les animistes, quatrième fondement de la lutte des classes en Afrique de l'Ouest de Majhemout Diop (18) qui conditionne toute l'histoire des nouvelles stratifications sociales dans le lamidalisme.

L'impact de cette lutte au sein du monde « païen » a entraîné de nouvelles échelles de référence sociale en termes d'autorité, les castes ou les ordres. Si nous définissons donc les castes comme des groupes sociaux dont l'émergence est liée aux catégories socio-professionnelles et les ordres sociaux comme des groupes spécifiques de par leur statut au sein d'une réalité sociale (19), les acteurs sociaux du développement rural dans le Nord Cameroun se ramènent au palier villageois à deux groupes essentiels : les laamibé ou chefs religieux et politiques qui peuvent être rangés aussi bien parmi les castes supérieures (de par leur profession politico-religieuse) que parmi les ordres sociaux ; et les paysans considérés comme leurs sujets. Les premiers sont des producteurs indirects, à l'instar des planteurs investisseurs de la Côte

(17) Cité par Godelier M., « Préface » sur les sociétés précapitalistes, textes choisis de Marx, Engels, Lénine, CERM, Éd. soc., Paris, 1970, 415 p., pp. 13-143, p. 77 (Éd. 1978).

(18) Diop M., *Histoire des classes sociales en Afrique de l'Ouest - 1 Le Mali*, Maspéro, Paris, 1971, 260 p., p. 66, Éditions L'Harmattan (1985).

(19) Nous prenons ces définitions d'Abdoulaye Bara Diop à travers une partie de sa thèse d'État : *La société wolof (tradition et changement)*, Karthala, Paris, 1981, 355 p., pp. 25-179.

d'Ivoire (20), ils encadrent des activités agro-pastorales ; les seconds sont les producteurs directs.

En effet, l'ensemble paysan comprend ici tous les acteurs sociaux producteurs directs ; il rassemble donc les acteurs sociaux de cette catégorie qu'on peut retrouver dans les saaré : les chefs de concession; leurs aides familiaux, leurs femmes, les salariés agro-pastoraux, les esclaves. A l'échelle villageoise, les chefs de concession se réduisent eux-mêmes à une main-d'œuvre gratuite qu'utilisent les laamibé lors des travaux collectifs relatifs aussi bien aux champs de sorgho qu'à ceux de coton. Les femmes de ces premiers ne manquent pas elles aussi de prendre part à ce genre de travaux, notamment au sarclage et aux semis. Durant notre séjour à Kaélé nous avons rencontré à plusieurs reprises des femmes en train de travailler dans les champs de laamibé, selon elles, les « Guinarou (21) entraient dans leurs cases, les battaient pour qu'elles aillent travailler dans les champs du chef ».

Au niveau villageois, deux phénomènes peuvent aider à identifier les acteurs sociaux du développement rural : l'encadrement et le contrôle des activités agro-pastorales par le laamido et les travaux collectifs chez ce dernier ; ils extériorisent en fait deux catégories d'acteurs, l'aristocratie lamidale et les paysans sujets.

Les acteurs sociaux du développement rural directement observables à travers le système lamidal dans le nord du Cameroun sont donc à deux paliers : le saaré et la communauté villageoise. Le saaré configure quatre types de rapports sociaux à partir desquels on peut déduire six catégories sociales permettant d'identifier les acteurs sociaux du développement rural ; il s'agit des rapports de parenté, des rapports matrimoniaux, des rapports de salariat, des rapports esclavagistes. Ceux-ci donnent lieu aux acteurs suivants : les chefs de saaré, les aides familiaux, les apparentés, les femmes, les salariés (permanents ou saisonniers), les esclaves. Au niveau villageois, seule la stratification sociale consacrant de forts clivages entre castes ou ordres et les sujets renvoie à deux catégories sociales qui donnent les acteurs suivants : les laamibé, voire les autres chefs traditionnels (djaooro, laawan) et les paysans. En rangeant les différents acteurs sociaux des saaré dans le cadre des

(20) Voir Faure Y. et Médard J.-F., *État et bourgeoisie en Côte d'Ivoire*, Karthala, 1982, 275 p.

(21) Dans l'univers symbolique et culturel mundang, les « Guinarou » représentent les forces mystiques qui entrent pour nous dans l'appareil répressif de « l'État lamidal ».

paysans, deux catégories sociales, les laamibé et les paysans constituent finalement les acteurs sociaux du développement rural dans le nord du Cameroun à travers le système lamidal auquel ils participent directement. Cependant deux autres catégories d'acteurs existent. Nous les appelons acteurs extra-lamidaux, car ces derniers sont en relais avec le lamidalisme, mais ne sont pas contrôlés par lui, il s'agit de la classe dirigeante et sa technobureaucratie et de la société internationale.

III — LES ACTEURS EXTRA-LAMIDAUX : LA CLASSE DIRIGEANTE CAMEROUNAISE AVEC SES TECHNOBUREAUCRATES ET LA SOCIÉTÉ INTERNATIONALE

A) La classe dirigeante camerounaise

L'importance des classes dirigeantes africaines dans la problématique du développement rural apparaît plus nettement aujourd'hui. Elle n'est pas seulement liée au fait qu'elles interviennent dans le monde rural à travers les organismes de développement rural qu'elles créent mais surtout parce que, par le canal de ces derniers, elles ponctionnent grâce à la superstructure qu'est l'État le surplus paysan. Dans un pays comme le Mali, classé parmi les six pays les plus pauvres et à faible revenu par la Banque Mondiale en 1980, 47% des ressources gouvernementales provenaient directement ou indirectement du monde rural en 1972. Pendant les années du plan 1974-1978, les dépenses au profit de l'agriculture étaient de l'ordre de 51 milliards, mais un montant énorme de 74 milliards a été extorqué à la paysannerie sous forme d'une taxation implicitement organisée au bénéfice des structures étatiques commerciales telles que les SOMIEX et OPAM, des entreprises de transport et du budget national que les membres d'une classe dirigeante se partagent (22).

Au Cameroun, en 1979, la situation globale des forfaits coton correspondait à une somme de 406 676 000 F CFA pour toute la région Centre-Nord, somme récupérée par la SODECOTON auprès des planteurs. Ce qu'elle a débité pour eux, ne se montait qu'à 6 941 940 F CFA. En 1980, c'est une évolution sensible des

(22) Pour de plus amples informations, voir : *Mali, le paysan et l'État*, textes réunis et présentés par Pierre Jacquemot, L'Harmattan, Paris, 1981, 197 p.

forfaits qui est marquante : 492 326 000 F CFA ont été récupérés par la SODECOTON auprès des planteurs de la même région (23). Bref, 70% des recettes proviennent du monde rural et alimentent le budget de l'État camerounais et donc les moyens et facteurs de production d'une minorité constituée par la classe dirigeante et ses technobureaucrates.

A ce titre, la classe dirigeante est une actrice sociale du développement rural dont le rôle est des plus déterminants. Comme dans tout le Cameroun elle est une actrice du développement rural au Nord en ce sens qu'elle procède à la fixation des prix aux producteurs pour la commercialisation des produits agro-pastoraux. En outre, par les sociétés de développement telles que la SODECOTON (24), l'Office céréalier, elle participe à certaines activités (subventions, contrôle, etc.) et surtout à leur encadrement par le biais de son instrument de domination : l'État. Dans l'optique d'une politique de libéralisme planifié et du développement auto-centré pratiquée par le gouvernement camerounais en termes économiques, le rôle de l'orientation et de la planification des projets de développement rural lui revient. La classe dirigeante en tant que groupe social constitué par les membres relevant d'une « lumpen-bourgeoisie » bureaucrato-administrative, militaire et commerçante au Cameroun est ainsi actrice sociale prépondérante du développement rural.

B) La société internationale : les grands industriels capitalistes du centre

De même, la société internationale, en tant que groupe d'individus constitué de grands industriels capitalistes (bailleurs de fonds), organisant le marché mondial où les cultures de rente sont écoulées, influence le milieu rural africain en général. Elle ne saurait donc être exempt de la catégorie d'acteur à laquelle appartient la classe dirigeante camerounaise. Lorsque, par les mécanismes et les conjonctures (la crise actuelle) qui la menacent, il y a détérioration des termes de l'échange, des répercussions naissent alors dans le monde paysan et influencent non seulement le prix au producteur mais aussi son pouvoir d'achat. L'interaction entre les grands industriels capitalistes et le lamidalisme se cloi-

(23) Pour des chiffres plus détaillés, voir notre étude : *Problématique du changement social... op. cit.*, p. 110 et suivantes.

(24) Société de développement du coton.

sonne à travers la politique économique du gouvernement camerounais qui atteint directement le système lamidal. A partir de là, la société internationale influence en fait le monde rural et joue un rôle important, prépondérant dans le développement rural au nord du Cameroun. Les ponctions qu'elle exerce sur la production de coton et de bétail au niveau du marché mondial la fait participer aux activités agro-pastorales. Aussi pouvons-nous présenter les acteurs sociaux du développement rural à travers le système lamidal au Nord Cameroun comme le montre le tableau ci-après :

Tableau 2 : Acteurs sociaux du développement rural dans le nord du Cameroun

1° Acteurs sociaux lamidaux Palier d'observation : saaré	Types d'acteurs sociaux
. Rapports de parenté . Rapports matrimoniaux . Rapports salariaux . Rapports esclavagistes	. Chefs de saaré, aides familiaux, apparentés. . Chefs de saaré, femmes des chefs de saaré. . Salariés permanents, salariés saisonniers, chefs de saaré. . esclaves captifs, serfs, chefs de saaré.
Palier d'observation : . communauté villageoise . clivage entre les castes ou les ordres et les sujets	. Aristocratie lamidale, autres chefs traditionnels, paysans.
2° Acteurs sociaux extra-lamidaux . En interaction ou relais avec le système lamidal ou le gouvernement camerounais	. Classe dirigeante camerounaise et ses techno-bureaucrates, grands industriels capitalistes (société internationale)

Le précédent tableau matérialise les acteurs sociaux du développement rural dans différents types de rapports qui, en fin de compte, ne sont que des rapports sociaux de production. Nous avons déjà montré que les rapports de parenté étaient ici les rapports de production. A travers la mainmise des aînés sur les cadets, ils aboutissent aux rapports d'exploitation. Par le canal des activités agro-pastorales, les aînés dominent et exploitent les cadets.

S'agissant des rapports matrimoniaux, malgré la relative autonomie des femmes mundang et tupuri envers les hommes, dès lors que ces derniers utilisent unilatéralement leur force de travail, ceci consacre des rapports de domination masculine et entraîne certains conflits qui peuvent aller des préférences culturales des uns et des autres jusqu'aux conflits entre individus (tel le cas de la culture du voandzou et du coton évoqué dans le lamidat de Kar-Hay). La situation chez les Guiziga est plus patente car, là, la femme n'est qu'une force productive pour l'homme ; de même chez les Fulbé et les Mandara, où la femme ne peut franchir la surface du ménage pour sortir et s'ouvrir à d'autres sphères, sa subordination est sans appel. L'important ici est surtout que, à travers les rapports matrimoniaux, certains rapports de domination se profilent dans les saaré.

Le même schéma s'observe au niveau des rapports de salariat qui manifestent au grand jour la domination d'une certaine catégorie de producteurs. Leur rémunération ne sert en fait qu'à reproduire leur force de travail, donc à les maintenir physiquement. Pire est la situation des esclaves qui aliènent gratuitement leur force de travail. Au niveau des rapports entre la classe dirigeante et les paysans, la réalité est la même. Les ponctions dont nous reparlerons plus loin consacrent effectivement la domination paysanne. La classe dirigeante ne gère le développement rural qu'à sa faveur ; ses intérêts ne souffrent nullement. Par les impôts, les taxes sur le bétail, elle les garantit. Est-il inutile de rappeler que l'éleveur du Nord Cameroun donne difficilement le nombre exact de ses têtes de bétail pour pouvoir échapper aux lourdes taxes ?...

En 1981, les recettes vétérinaires dans la plaine de Kaélé-Guidiguis s'élèvent à 2 887 210 F CFA ; pour des éleveurs laissés presque à eux-mêmes, c'est un chiffre exorbitant. Par l'intermédiaire des laamibé, la classe dirigeante a la mainmise sur les paysans. Tous les rapports sociaux entre paysans et classe dirigeante passent ainsi par les laamibé qui jouent fondamentalement un rôle de régulation. A ce niveau se dessinent donc des oppositions, des conflits entre la classe dirigeante, ses technobureaucrates et les paysans. Comme nous le verrons plus loin, la classe dirigeante est représentée ici par les technobureaucrates de la SODECOTON et de l'Office céréalier qui sont, au niveau de l'administration moderne, des agents de canalisation des ponctions de diverses taxes.

Entre les grands industriels capitalistes de la société internationale et les paysans, les rapports sociaux reproduisent la même logique de domination. On comprendra ce phénomène un peu plus loin dans cette étude. Cependant, on peut dès à présent avancer que la détérioration des termes de l'échange est liée à la politique de fixation des prix au producteur. Ces prix, dans l'ensemble bas, ne permettent pas au paysan d'avoir le minimum vital dans une société où les modes de consommation modernes sont actuellement prédominants. De ce fait la contradiction entre paysans et grands industriels capitalistes est introduite notamment par la fixation des prix au producteur et les termes de l'échange qui se détériorent le plus souvent par la suite.

Si l'on tient compte de la théorie centre-périphérie, on remarque effectivement que les paysans dans le Nord Cameroun ne constituent qu'une main-d'œuvre à très bas prix pour les grands industriels capitalistes de la société internationale. Dans son livre, *Les classes sociales dans les sociétés agraires*, R. Stavenhagen (25) le remarque déjà dans la zone des palmeraies Tiko-Victoria de l'ex-Cameroun Occidental. Si les planteurs et les éleveurs du Nord Cameroun sont liés au marché mondial par le coton et le bétail qui y sont écoulés, il est alors indéniable qu'ils sont aussi dominés par la société internationale industrielle qui en est la grande bénéficiaire.

Ainsi à tous les niveaux où certains rapports ou interactions nous permettent la saisie des acteurs du développement rural dans le Nord Cameroun, il y a déjà entre ceux-ci des contradictions indicatrices des oppositions et conflits potentiels. Les deux paliers d'observation d'acteurs (lamidaux et extra-lamidaux) qui se divisent en quatre échelles, saaré, communauté villageoise, classe dirigeante camerounaise, société internationale, amènent en fait à ce constat. Une réalité profonde se dégage aussi de celui-ci, même si les oppositions sont perceptibles à l'intérieur des saaré, il n'en reste pas moins que l'ensemble des paysans éleveurs, producteurs directs, est le plus en contradiction avec les laamibé, la classe dirigeante et la société internationale. Pour mieux le comprendre,

(25) Anthropos, 1964, 402 p.

il convient maintenant de montrer ce qui introduit en milieu rural de telles contradictions, notamment l'articulation du mode de production capitaliste avec le système lamidal, qui permettra d'appréhender non seulement les nouvelles stratifications sociales mais aussi les conflits dans la formation sociale lamidale du Nord Cameroun.

CHAPITRE II

L'articulation du mode de production capitaliste avec le système lamidal et la formation sociale actuelle du milieu rural nord camerounais

Le lamidalisme est un système socio-idéologique de nature importée puisque bâti sur un fond islamique soufi combinant un autre élément de culture importé : le mode de production capitaliste.

Il convient maintenant de montrer sa combinaison avec le mode de production capitaliste : ce qui ne va pas sans poser le problème de connaître la nature de la formation sociale actuelle du milieu rural dans le nord du Cameroun.

L'aspect socio-idéologique du système lamidal met en exergue son fondement culturel d'essence religieuse relevant d'un certain type d'islam. D'autre part, le système lamidal en tant que tel réunit un certain nombre d'acteurs sociaux imbriqués dans des interrelations garantissant sa production et sa reproduction. C'est donc dire qu'il configure une formation sociale dont l'articulation au mode de production capitaliste semble devoir être examinée de façon prioritaire pour la détermination de sa nature réelle.

Dans la préface à *La contribution à la critique de l'économie politique* (1) Marx établit des rapports entre formation sociale et mode de production. Ce qui veut dire qu'un mode de production implique nécessairement une formation sociale. Quels modes de production le système lamidal comme formation sociale comporte-

(1) Marx K., *Contribution à la critique de l'économie politique*, Éd. Soc., Paris, 1957, 309 p.

t-il de façon inhérente ? Poser cette question c'est poser le problème des modes de production dans les formations sociales dites précapitalistes qui a largement occupé Samir Amin (2). Ce dernier, comme Marx, ne désarticule pas formation sociale et modes de production. Il dresse à ce propos une typologie des modes de production caractéristiques des formations sociales précapitalistes. Selon Samir Amin, on peut en distinguer cinq :

1) le mode de production « communautaire primitif » ;
2) le mode de production « tributaire » combinant les « formes précoces » et les « formes évoluées » où se dégage le mode de production féodal ;
3) le mode de production « esclavagiste » ;
4) le mode de production « petit marchand » ;
5) le mode de production « capitaliste ».

Ces modes de production se succèdent les uns aux autres avant d'aboutir au mode de production capitaliste.

En réduisant le système lamidal à un système traditionnel qui ne combine pas encore les éléments capitalistiques modernes, on peut dire dans un premier temps que c'est le mode de production « tributaire » qui y est prédominant dans son second aspect des « formes évoluées » et donc féodal. Et, en fait, ainsi que nous avons présenté les acteurs sociaux du développement rural, il apparaît nettement au sein du lamidalisme une aristocratie des laamibé constituant une véritable classe de féodaux. En interrogeant l'organisation économique du système lamidal dans ses aspects purement traditionnels, nous sommes obligés d'examiner le système de la djakka qui détermine son instance infrastructurelle.

Dérivé du terme arabo-juif zakkât, le mot djakka, d'origine sémantique peule, désigne au sens primitif une purification et une aumône légale qui, avec le pèlerinage, la profession de foi, le jeûne et la prière forment les cinq piliers de l'islam. Il part d'une idée simple : l'impureté des biens de ce monde doit être effacée par leur restitution à Allah. En principe, le verset 130 du Coran consacre la djakka comme une aide aux pauvres, aux mendiants, serviteurs, très bons musulmans, endettés, véritables gens de guerre, pèlerins allant à La Mecque. Seulement, c'est le laamido gestionnaire du

(2) Amin S., *Le développement inégal (essai sur les formations sociales du capitalisme périphérique)*, Éd. de Minuit, Paris, 1973, 365 p.

trésor public (baïtal) qui en est le dépositaire. La zakkât est essentiellement ambivalente. Elle se présente d'abord sous une forme d'aumône légale réclamant aux croyants le dixième de leurs biens pour satisfaire aux idéaux sus-mentionnés ; elle est enfin une sorte de dîme sur les récoltes (zakkât gaouri) dérivée de l'achouar du droit musulman.

Malgré ces dispositions, la « djakka » s'est transformée en une source de richesse pour les laamibé. Devenue une véritable institution ayant pour but la paie d'une redevance en nature à ces derniers, elle a perdu même traditionnellement ses objectifs de départ. Dans le système lamidal, cette évolution — structurelle — peut se concrétiser à travers le tableau ci-après :

Tableau 3 :
L'évolution structurelle de la djakka dans le système lamidal

Tranche (Nbr de têtes)	Sections	Age global en années	Djakka
1	de 30 à 39 têtes de 40 à 49 têtes de 50 à 59 têtes	2 3 4	1 taurillon de 2 ans 1 taurillon de 3 ans 1 boeuf de 4 ans ou 1 génisse de 3 ans
2	de 60 à 69 têtes de 70 à 79 têtes de 80 à 89 têtes	5 6 7	2 taurillons de 2 et 3 ans 1 taurillon de 2 ans et 1 boeuf de 4 ans 1 taurillon de 3 ans et 1 boeuf de 4 ans
3	de 90 à 99 têtes de 100 à 109 têtes de 110 à 119 têtes	8 9 10	2 taurillons de 2 ans et 1 boeuf de 4 ans 2 taurillons de 2 ans et 3 ans et 1 boeuf de 4 ans 2 boeufs de 4 ans
	de 120 à 129 têtes de 130 à 139 têtes de 140 à 149	11 12 13	2 taurillons de 2 ans 1 taurillon de 3 ans 1 boeuf de 4 ans 2 taurillons de 2 ans 2 boeufs de 4 ans 2 taurillons de 2 ans et 3 ans 2 boeufs de 4 ans etc...

Source : Dognin R. « L'installation des Djafoun dans l'Adamaoua camerounais, la djakka chez les Peuls de l'Adamaoua » *Contribution de la recherche ethnologique à l'histoire des civilisations du Cameroun*. Vol. 1 CNRS 1980, pp. 139-157, p. 153.

Toutes les bêtes alignées sous la rubrique djakka reviennent personnellement au laamido. Comme le dit l'auteur, une djakka appliquée à un effectif de cinq cents têtes aurait donné seize têtes d'un âge cumulé de quarante-neuf ans, soit cinq taurillons de deux ans, cinq génisses de trois ans et six bœufs de quatre ans. Il en conclut que :

> « le contenu de la djakka (...) semble évoluer de façon suivante : a) les assujettis continuent de faire l'aumône personnellement, concurremment versent la djakka au laamido, b) celui-ci se sert du produit de la djakka pour asseoir sa puissance. » (3)

La djakka consacre dans le système lamidal des rapports socio-économiques garantissant des liens personnels et très étroits entre le laamido et ses sujets configurant les rapports entre le seigneur et ses vassaux. La djakka est ainsi le fondement même d'un mode de production tributaire dans sa phase féodale. Même dans les lamidats « païens » de Boboyo, Lara, Kaélé, Midjivin, le système de la djakka fixe les liens de dépendance entre le laamido et ses sujets paysans. Ces liens entraînent une domination obscure du paysan par le laamido qui fait que ce dernier utilise aisément sa force de travail gratuitement au nom des travaux collectifs dont le contenu a cessé d'être l'entraide, mais l'exploitation fortuite de la force de travail. Le laamido, chef incontesté, préside avec des abus personnels à la distribution des terres sur lesquelles il exerce un droit absolu. Allant jusqu'à leur accaparement systématique comme dans le lamidat de Boboyo où 15 km^2 de terre reviennent au laamido sans compter les espaces dont il dispose en brousse, on arrive dans le système lamidal à une situation où les communautés villageoises perdent l'éminente propriété collective de la terre au profit des grands maîtres féodaux. Si

> « les formations sociales sont (...) des structures organisées, caractérisées par un mode de production dominant et l'articulation autour de lui d'un ensemble complexe de modes de production » (4),

(3) Dognin R., *op. cit.*, p. 156. Il est à noter également que la djakka a été supprimée officiellement par l'administration coloniale en 1946.

(4) Amin S., *op. cit.*, p. 12.

le système lamidal pur comme formation sociale a pour mode de production dominant le mode de production féodal (5).

Il s'ensuit donc que les seuils d'articulation du mode de production capitaliste avec le système lamidal se situent au niveau de deux instances : l'instance superstructurelle où l'idéologie religieuse relevant de l'islam légitime la reproduction de tout le système et l'instance infrastructurelle où la djakka détermine les rapports socio-économiques et induit le mode de production féodal.

I — L'INSTANCE SUPERSTRUCTURELLE

Dans le système lamidal, l'instance superstructurelle est dominée par l'idéologie religieuse islamique. Voir comment le mode de production capitaliste s'y articule, c'est examiner les rapports islam/capitalisme. Ceux-ci ont déjà été étudiés par Maxime Rodinson (6). Cette étude peut nous guider. Rodinson a largement montré que la contradiction n'existe pas entre idéologie islamique et production marchande, que l'islam introduit l'économie monétaire dans des meilleures conditions. Si l'on part du principe de cet auteur selon lequel la société musulmane est une société idéologique, le système lamidal se confond avec une société idéologique.

> « Elle a pour raison d'être de servir Dieu, de préparer les voies de Dieu, d'obéir aux ordres de Dieu. Or, en islam tout particulièrement, les ordres de Dieu comportent l'organisation temporelle de la cité. »

Concrètement, c'est l'idéologie islamique qui préside au modelage des rapports sociaux dans la cité ; c'est elle aussi qui agence tout rapport avec les cultures étrangères. S'agissant spécialement du mode de production capitaliste, l'analyse de Rodinson s'appuyant sur les textes relatifs à l'islam classique étudié par Ibn Kaldoun, montre l'intérêt porté au commerce par l'islam, voire

(5) Sur le système féodal, voir Bloch M., *La société féodale*, A. Michel, Paris, 1968, 702 p. ; Ganshof F., *Qu'est-ce que la féodalité ?* Tallandier, 1982, 296 p. ; Dobb M. et Sweezy P.-M., *Du féodalisme au capitalisme : Problèmes de la transition*, I et II, Maspéro, Paris, 1977, 238 p. et 191 p. On pourra se référer également à un colloque du CERM : *Sur le féodalisme*, Éd. soc., Paris, 1974, 272 p.

(6) Rodinson M., *Islam et capitalisme*, Seuil, Paris, 1966, 304 p.

« sa compréhension de cette activité en termes capitalistes : “ achète bon marché et vends cher, tu auras fait du commerce ” » est le principe d'une quête du profit se faisant sur une base monétaire.

Dans le nord du Cameroun et notamment dans le système lamidal, le phénomène des marchés objective l'influence de l'islam. Chaque lamidat a sa journée spéciale de marché dont les plus grandes sont dimanche pour celui de Mora, lundi pour celui de Dumru, jeudi pour celui de Dziguilao, vendredi pour celui de Kaélé. Les marchés constituent également un signe révélateur de la juxtaposition du capitalisme sur le lamidalisme dont le corollaire est l'expansion de l'économie de marché, ce qui a fait éclater celle de subsistance (7). Dans la même acception, l'on peut comprendre pourquoi la culture de rente qu'est le coton, après avoir été imposée par le colon, a finalement gagné du terrain par consentement au nord du Cameroun, grâce aux structures lamidales.

Avant même l'avènement de la colonisation européenne qui introduisit le mode de production capitaliste à l'aide du coton, les contacts entre les islamisés et les « païens » fussent-ils batailleux, avaient déjà canalisé l'esprit d'échanges commerciaux entre ces derniers et leurs voisins du Logone. Par exemple, un « païen » mundang de Kaélé, Jubeiru, influencé par l'islam, devint Lawaan dans l'Émirat de Yola au sud du Nigéria pour mieux trafiquer les esclaves au compte des musulmans. S'il faut dire que la culture du coton dans le nord du Cameroun représente la prédominance du mode de production capitaliste (comme nous le verrons plus loin) c'est accepter que les Kirdi des montagnes, qui jusque-là ne pratiquent que la culture du mil sur terrasses et celle des arachides, ne connaissent pas encore cette dernière. Mais l'influence de l'islam, amené par les premiers laamibé qui leur étaient imposés, a fait d'eux des commerçants d'arachides et de mil aux piémonts et aux plaines.

II — L'INSTANCE INFRASTRUCTURELLE

Le deuxième seuil d'articulation du mode de production capitaliste sur le système lamidal est l'instance infrastructurelle où pré-

(7) A propos des marchés, voir Hallaire A., « Marchés et commerce au nord des Monts Mandara, nord du Cameroun », *Cah. ORSTOM, Ser. Sci. Hum.*, vol. IX, n° 3, 1974, pp. 259-285 ; Couty P., « Notes sur la production et le commerce du mil dans le département du Diamaré », *Cah. ORSTOM*, vol. II n° 4, 1965, pp. 3-88 ; Frechou H., *L'élevage et le commerce du bétail dans le Nord Cameroun*, IRCAM, Yaoundé, 1963, 168 p.

dominent l'économie de la djakka telle que décrite plus haut et le mode de production féodal. En effet, l'économie de la djakka est fondée essentiellement sur le surplus et le profit. Les prestations lamidales, qui se traduisent par la paie de la djakka par les paysans sujets au laamido, ne visent rien d'autre que l'accroissement des biens matériels et personnels du laamido consacrant des bénéfices énormes et son profit en nature. Dès lors se perçoit une homologie de fondement entre l'économie de la djakka et l'économie capitaliste qui est le profit.

Au départ, les laamibé se sont ligués contre le système colonial qui était pour eux l'adéquation de l'évanouissement de leurs privilèges et de la puissance économique dont ils jouissaient au sein du système tout entier. Par la suite, ils ont compris qu'une alliance avec celui-ci pouvait relativement garantir leurs acquis matériels et historiques ; composant donc avec l'administration coloniale, les laamibé ont su préserver leurs intérêts à l'intérieur d'une totalité où ils ne jouaient qu'un rôle de relais et où les structures socio-politiques de leurs lamidats étaient largement utilisées. Le développement de la culture cotonnière combinant leur idéologie islamique a accéléré le processus d'émergence d'une économie marchande.

La circulation traditionnelle de la terre, variant selon les ethnies composantes du système lamidal, a fait place à d'autres modes de circulation qui traduisent actuellement la pénétration de l'économie de marché. Traditionnellement la circulation des terres se faisait selon la filiation patrilinéaire ou matrilinéaire, selon l'appartenance lignagère, clanique et ethnique. Mais à l'heure actuelle, les phénomènes d'achats, ventes, locations des terres qui s'observent dans le système lamidal président à la transformation radicale des structures foncières et témoignent du développement de l'économie de marché et des rapports marchands.

Dans une telle situation de bouleversement de la structure foncière, les grands profiteurs en sont les laamibé dont le rôle de gestionnaires de la terre entraîne désormais des abus. Le rapport du paysan à la terre devient dès lors celui qu'on entretient avec une marchandise échangeable contre de l'argent. Dans la plaine de Mora, les variations des coûts de location de terre sont perceptibles par corde en nature et en francs CFA.

Dans les villages de Mémé, Warba, Tokombéré, Makalingaï, elles se présentent selon le tableau ci-après :

Tableau 4
Les variations des coûts de location de terre en FCFA et en nature dans la plaine de Mora

Corde de produit agricole	Coûts de location en FCFA et en nature
1 corde (70 m x 70 m) coton	1500 - 2000 - 3000 - 5000 - (durée 1 an)
1 corde mil	2000 + 1 panier de mil à la récolte (durée 1 an)
1 corde arachide	1000 + 1 panier de mil à la récolte (durée 1 an)
1 corde coton	1500 + 2 jours de sarclage + 1 panier de mil à la récolte + 1 suppément d'argent + redevances en nature.
1 ha	12 000

Tableau 5
Variation des coûts de location et de vente des terres dans la plaine de Kaélé-Guidiguis et de Mora en FCFA

Location	Coûts en FCFA
1 corde	4000 - 6000 - 7000 - 10 000
Vente (terres moyennes, bonnes terres)/ha	50 000 - 60 000 - 80 000 - 250 000 350 000

S'agissant des deux tableaux, les prix de location et de vente sont fixés en fonction de la qualité des sols et de leur rendement potentiel. Dans la plupart des cas, les laamibé en sont les grands bénéficiaires, mais aussi d'autres membres de la chefferie traditionnelle et certains grands planteurs investisseurs islamisés.

La même évolution s'observe au niveau des facteurs de production. En général, l'outillage agricole reste encore en grande partie rudimentaire dans le système lamidal. Les nouveaux moyens de production inhérents à la culture attelée sont l'apanage des grands chefs et des grands planteurs islamisés, voire de la SODECOTON. Moins de 30% des planteurs disposent donc de la culture attelée.

Aussi pour y avoir accès, il faut recourir nécessairement aux rapports marchands pour les petits planteurs, par voie de location. Pour une corde, les prix varient de 3 000 F CFA à 4 500 F CFA pour le dressage des bœufs. La culture attelée, tout comme le coton, introduit ainsi l'économie marchande au grand jour (nous reviendrons sur ce point).

Les rapports marchands s'observent aussi au niveau du salariat agro-pastoral dont nous avons déjà parlé plus haut. De telles données modifient relativement le mode de production féodal fondé sur la djakka du système lamidal sans toutefois le détruire systématiquement ; les rapports marchands sont le signe patent de l'articulation du mode de production capitaliste sur le système lamidal au niveau infrastructurel. Le mode de production féodal n'interprète en son compte et traditionnellement que la modernité capitalistique. Dès lors, comment définir la nature de la formation sociale nord-camerounaise à travers le système lamidal ?

En effet, les rapports marchands introduits par l'idéologie islamique et la juxtaposition de la culture du coton sur l'économie de la djakka montrent que la formation sociale rurale nord-camerounaise n'est plus à l'état traditionnel pur. Elle est déjà affectée par le mode de production capitaliste combinant en elle les éléments modernes — culture de rente, culture attelée, location, achat, vente de terres. Nous sommes donc actuellement dans un secteur où non seulement le système lamidal a prévalu avec le mode de production féodal, mais est désormais couvert aussi par des éléments capitalistiques. Pour tout dire, c'est un secteur où prédomine une « structure capitalistique retardataire de type colonial à prédominance agraire » (8).

(8) Cette expression nous paraît appropriée dans le cadre de la formation sociale rurale nord-camerounaise. Nous l'empruntons à A. A. Malek à travers son

« Structure capitalistique retardataire » puisque la formation sociale en présence est déjà couverte par le secteur capitaliste dans une zone qu'on peut considérer comme périphérique (9) « de type colonial » puisque les cultures commerciales en majorité de type industriel telles que le coton et les arachides ont été introduites par le commerce de traite amené par le système colonial (10). « A prédominance agraire » parce que les structures agraires prédominent dans toute l'économie rurale nord-camerounaise comme c'est le cas dans tout le Cameroun. De ce fait, la formation sociale lamidale connue à ce jour dans le nord du Cameroun est liée à l'évolution de l'instance idéologique (superstructurelle) et économique (infrastructurelle) du système lamidal : c'est-à-dire à l'islam et à son organisation économique.

Ceci nous met devant une formation sociale configurant l'existence de plusieurs modes de production selon l'assertion de S. Amin évoquée plus haut. A côté du mode de production féodal prédominant dans le système lamidal traditionnel, évolue en même temps une structure capitalistique avalisant le mode de production capitaliste : le système lamidal, à ce niveau, ressource dans une combinaison de modes de production qui explique sa complexité et sa gestation. La formation sociale qu'il informe dès lors est hétéroclite et non dualiste comme la sociologie du développement classique s'est obstinée à le montrer dans les sociétés des pays sous-développés (11). Une telle thèse est largement dépassée, malgré les partisans qu'elle réunit encore parmi certains économistes libéraux dont notamment Marc Penouil (12). Ce qui

livre *La dialectique sociale*, Seuil, Paris, 1972, 479 p., p. 308. Abdel Malek l'a luimême empruntée à M. Rodinson à travers son *Islam et capitalisme, op. cit.*

(9) Ici la théorie centre-périphérie est toute pertinente.

(10) Voir à ce propos, l'analyse qu'en fait J.-M. Ela dans *L'Afrique des villages, op. cit.* Lire surtout le premier chapitre : « Monde rural et violence coloniale », pp. 20-43.

(11) Sur la problématique de la thèse dualiste relative aux formations sociales des sociétés sous-développées, voir : Touraine A., *Les sociétés dépendantes* Duculot, Paris, 1976, 266 p., p. 23 ; Stavenhagen R., *Sept thèses erronées sur l'Amérique latine ou comment décoloniser les sciences sociales*, Anthropos, Paris, 1973, N. Édition, 1981, 205 p., p. 16 ; Gunder A.-F., *Capitalisme et sous-développement en Amérique latine*, Maspéro, Paris, 302 p., pp. 219-221.

(12) Voir son séminaire : *Structures économiques de l'Afrique noire*, Institut d'études politiques de Bordeaux, CEAN, 1983, et son livre : *Socio-Économie du sous-développement*, Dalloz, Paris, 1979, 683 p. On se reportera aussi au livre déjà classique de Philippe Hugon : *Analyse du sous-développement en Afrique : l'exemple de l'économie du Cameroun*, PUF, Paris, 1968, 325 p.

est plus intéressant pour nous à l'heure actuelle est l'examen de l'évolution progressive du mode de production capitaliste dans les formations sociales périphériques, son cheminement vers la domination de leurs modes de production spécifiques antérieurs et les conflits sociaux qui peuvent en découler.

Cette domination du capitalisme s'observe nettement dans le Nord Cameroun à partir de la culture du coton qui a remplacé la culture arachidière au terme de son échec. L'évolution régulière des surfaces cultivées et des rendements montre que de 1952 à 1969 l'augmentation des surfaces cultivées est passée de 11 900 à 108 194 ha et le rendement de 308 à 844 kg/ha. La production a connu un accroissement sensible de 4 533 tonnes à 91 834 tonnes. En 1973, la production n'est que de 27 837 tonnes dont 57% dans le Nord, actuelle région de la Bénoué. Dans l'Extrême-Nord — les surfaces cultivées ont régressé de 80 140 à 39 791 ha et le rendement moyen de 882 à 300 kg/ha ; au cours de ces années de sécheresse l'augmentation ne s'est fait sentir qu'au niveau des surfaces des sorghos. En 1974, les rendements ont été stabilisés entre 1 200 et 1 400 kg/ha grâce à une intensification de la fumure minérale et des traitements insecticides. En 1973, sur 61 176 ha semés, 22951 étaient fumés et 7427 traités. En 1981 — sur 71 092 ha semés — 64 578 étaient fumés et 64 577 traités. De 1973 à 1984, l'évolution des surfaces des rendements et de production peut être configurée à travers les tableaux ci-après (voir pages suivantes).

Les tableaux 6, 7, 8 montrent une nette évolution des surfaces, des rendements et des productions cotonniers depuis les dernières grandes sécheresses des années 70-74 jusqu'au moment où nous rédigeons ces lignes concernant les lamidats intéressant cette étude. Ce qui importe dans ces trois tableaux est que malgré certaines baisses enregistrées en surfaces en ha, en rendements et en productions, les rendements se soient maintenus aujourd'hui entre 1 000 kg/ha et 1 200 kg/ha.

Selon nos enquêtes informelles, sur les 50 000-60 000 ha que compte le projet Centre-Nord, 90% sont en intensif, tandis que les surfaces couvrant le coton traditionnel arrivent à un rendement de 1 000 kg/ha. S'agissant de la production, 91 000 tonnes ont été prévues en 1984. On enregistre ainsi des hauts rendements par rapport aux campagnes antérieures dans l'ensemble puisque des régions telles que Bénoué et Guider atteignent 1 701 kg/ha.

Le lien entre l'évolution de la culture cotonnière et le développement du mode de production capitaliste est patent à trois

Tableau 6 :
Évolution des surfaces cotonnières de 1973 à 1984

Région	73–74	75–76	77–78	78–80	81–82	83–84
Extrême-Nord Maroua-Mora	39 791	52 264	33 855	36 836	39 367	39 459
Nord Bénoué-Guider	21 355	20 801	19 581	19 749	23 976	31 633
TOTAUX	61 176	73 178	48 436	56 594	63 343	71 092

Tableau 7 :
Évolution des rendements

Région	73–74	75–76	76–78	78–80	81–82	83–84
Extrême-Nord Maroua-Mora	300	485	677	1 271	1 078	970
Nord Bénoué-Guilder	722	1 158	1 217	1 701	1 557	1 518
Moyenne	455	675	840	1 421	1 260	1 214

Tableau 8 :
Évolution des productions

Région	73-74	75-76	77-78	79-80	81-82	83-84
Kaélé	3 973	4 840	4 879	10 553	7 764	(8 650)
Maroua	3 975	9 192	4 456	11 593	9 597	(5 600)
Mora	1 711	3 901	3 293	5 676	4 884	(11 300)
Guider	5 278	8 594	3 788	9 494	1 094	(1 050)

N.B. : Entre parenthèses : Prévisions pour la campagne en cours.

niveaux : au niveau des nouveaux moyens de production entraînant des bons rendements, à celui du facteur de production qu'est la terre et à celui des surplus cotonniers extorqués par la SODECOTON elle-même ou par la classe dirigeante camerounaise.

A) Nouveaux moyens de production et rapports marchands

Pour ce qui est des nouveaux moyens de production, ceux-ci sont notamment les produits tels que les engrais, l'urée, les tourteaux, le concentré minéral, les produits vétérinaires, le détiquage, le séchage de fourrage, l'embouche bovine, le dressage des génisses, le matériel attelé tel que les charrues AT 38, les charrues AT 35, les charrues AT 30, les charrettes, les pousse-pousse, les corps butteurs, les multiculteurs, les socs AT 38, les talons AT 38, les contreseps AT 38, les seps AT 38, les versoirs AT 38, les pioche-haches, etc., qui servent aussi bien la culture attelée en tant que telle. Tous ces produits et matériels sont vendus aux paysans. Le tableau qui va suivre (voir page suivante) est un bilan des ventes des produits vétérinaires, sur une campagne agricole, aux paysans éleveurs de la zone cotonnière en francs CFA et par région d'encadrement.

A partir de ce tableau, on peut déduire un coût total de 25 903 035 F CFA de produits vétérinaires vendus uniquement aux paysans éleveurs de la zone cotonnière pour des besoins de culture attelée afin de parvenir à des hauts rendements et productions cotonniers.

Même si le paysan ou l'éleveur ne dispose pas ponctuellement d'une somme d'argent qui lui permet ces achats au comptant, un système de crédits de matériels agricoles est organisé par la SODECOTON. En 1982, les crédits pour la motorisation s'élevaient à 120 585 380 F CFA accordés du 1er novembre 1981 au 31 août 1982 et remboursables entre le 1er novembre 1982 et le 30 avril 1983. Ici, les nouveaux moyens de production constituent le nœud où se cloisonnent les rapports marchands entre les acteurs sociaux du développement rural, notamment les paysans-éleveurs et la SODECOTON. Les nouveaux moyens de production dans la mesure où ils ne visent que la supériorité de la production et des rendements cotonniers en se servant de l'élevage comme « instrument » pour atteindre ces objectifs, sont ainsi vulgarisés d'abord pour la culture cotonnière. Par exemple, en 1982,le crédit production vivrière alloué aux paysans ne s'élevait qu'à 104 594 425 F CFA tandis que le crédit productivité coton atteignait 1 126

Tableau 9
Bilan des ventes des produits vétérinaires aux paysans éleveurs par zone d'encadrement de mai 1982 à avril 1983

Période	Nord	Centre	Sud	Sud-Est	SODECOTON
Mai 1982	391 405	653 000	504 475	230 910	1 779 790
Juin	601 625	729 755	726 510	266 605	2 324 495
Juillet	367 940	448 000	413 000	106 240	1 325 180
Août	314 770	439 630	591 620	280 530	1 626 550
Septembre	535 455	388 800	418 215	24 370	1 184 840
Octobre	353 455	633 080	751 410	217 000	2 954 945
Novembre	281 820	435 065	979 540	209 505	1 905 775
Décembre	626 830	1 434 940	812 540	97 505	2 971 615
Janvier 1983	801 770	1 252 620	910 030	211 450	3 175 870
Février	727 700	1 406 855	944 910	277 270	3 356 735
Mars	553 840	795 270	941 760	198 800	2 529 670
Avril	662 590	420 640	480 890	193 450	1 757 570

Source : *Compte-rendu annuel, campagne 82/83*, SODECOTON, 1983, Garoua, 156 p, P 58.

924 500 F CFA (13). Les nouveaux moyens de production et les nouvelles méthodes culturales sont ici conçus en faveur du seul intérêt du coton, plus intéressant pour les acteurs sociaux extra-lamidaux évoqués plus haut, la classe dirigeante camerounaise à travers la SODECOTON (sa société d'État) et la société internationale. La vente et les crédits auxquels sont confrontés les paysans et les éleveurs par la SODECOTON afin d'avoir accès aux nouveaux moyens de production entraînent ainsi deux phénomènes liés dialectiquement entre eux dans la formation sociale lamidale : un cycle d'endettement et d'usure permanent pour le producteur direct qu'est le paysan-éleveur et sa soumission aux mécanismes de vente et d'octroi de crédits conformes aux lois de profit, objectif essentiel du mode de production capitaliste.

Ce type de rapport ne se réduit pas dans les relations entre les paysans éleveurs et la SODECOTON. Nous avons souligné plus haut que les rapports marchands étaient déjà diffusés parmi les acteurs sociaux lamidaux. S'agissant du matériel attelé, il insuffle une dynamique des rapports marchands à l'intérieur des lamidats étudiés. Les paysans qui n'ont pas accès aux charrues ou qui ne disposent pas d'animaux de trait sont obligés d'en louer aux possédants. Dans le lamidat de Boboyo en 1981-82, on comptait près de cinq mille paysans éleveurs mais les bœufs de trait ne s'élevaient qu'à cent quarante-six, les ânes à vingt-trois, les charrues asiennes à vingt, AT 38 à cinquante-sept, multiculteurs à huit, corps butteurs à quatorze, ensarclages à six, charrettes à vingt-quatre. Si dans les régions Nord et Centre qui constituent quelques-unes des zones de grande production pour le projet Centre-Nord, le matériel de culture attelée disponible est comme le montre le tableau suivant (voir page suivante).

Et qu'il faut ajouter que la même année, le Nord ne comptait que cinq mille quatre cent soixante-huit paires de bœufs, cinquante-cinq paires de génisses, mille six cent neuf ânes attelés, quatorze chevaux attelés et le Centre, huit mille huit cent trente-six paires de bœufs, quinze paires de génisses, onze mille cent treize ânes attelés et même pas de chevaux attelés, sur cent vingt mille paysans et éleveurs couverts par ces étendues, le difficile accès à la culture attelée paraît ainsi évident pour la plupart. La seule solution pour l'utiliser n'est pas nécessairement le crédit matériel agricole SODECOTON qui pèserait encore très lourd aux démunis

(13) Pour l'authenticité de tous les chiffres fournis, voir SODECOTON, Direction Générale, Garoua.

Tableau 10
Matériel de culture attelée dans les régions Nord et Centre

Matériel	Régions	
	Nord	Centre
Charrues AT 38	148	456
Charrues AT 35	75	1
Charrues AT 30	529	243
Charrettes	54	70
Pousse-pousse	409	389
Corps butteurs	78	110
Ensarclage	99	227
Multiculteurs	-	12
Socs AT 38	2 272	3 754
Talons AT 38	362	645
Contreseps AT 38	386	611
Seps AT 38	42	17
Versoirs AT 38	42	372
Pioches-haches	118	41
Machettes	2 281	-

mais de recourir à une forme d'échange en milieu rural auprès des possesseurs.

C'est ainsi que les locations des matériels attelés sont connues dans tous les lamidats que nous avons observés. La location d'une paire de bêtes varie de 2 500 à 3 500 F CFA la corde, une location de charrue va de 4 000 à 5 000 F CFA la corde.

Le prix moyen par hectare de labour varie selon les secteurs et selon le tableau n° 11 (campagne 1980-1981) (voir page suivante).

En 1979, les prix de sarclage multiculteur par hectare variaient aussi selon les secteurs (voir tableau n° 12).

Il convient d'ajouter que la location des matériels attelés est diffusée à partir même de la SODECOTON qui va jusqu'à facturer

Tableau 11 :
Prix moyen par hectare de labour selon les secteurs

Secteurs	Prix moyen labour/ha en F CFA
Moutourwa	6 000 à 14 000
Kaélé	10 000 à 12 000
Guidiguis	6 000 à 10 000
Dziguilao	6 000 à 7 000
Dana	10 000 à 14 000
Ardaf	8 000 à 10 000
Gobo	6 000 à 8 000
Guider-Est	12 000 à 14 000
Guider-Nord	12 000
Guider-Sud	14 000 à 16 000

Tableau 12

Secteurs	Prix sarclage avec multiculteur/ha en F CFA
Kaéké-Guiziga	2 500 à 6 000
Kaélé-Mundang	2 000 à 4 000
Kaélé-Tupuri	1 500 à 4 000
Karhay-Nord	1 500 à 2 000
Guider-Est	5 000 à 6 000
Guider-Nord	2 000 à 4 000
Guider-Sud	4 000 à 6 000

leur transport. Durant notre séjour au nord du Cameroun, cette facturation était fonction du nombre de kilomètres à partir des bureaux SODECOTON installés dans les lamidats. Ainsi par kilomètre, le prix du voyage, selon les secteurs, variait de 200 à 700 F CFA.

Pour un paysannat dont les revenus monétaires sont déjà réduits au départ puisqu'il faut recourir au coton pour prétendre les élever, les spéculations sur les matériels de la culture attelée introduisent dans le milieu villageois de véritables échanges commerciaux caractéristiques du mode de production capitaliste. La supplantation des anciens moyens de production par les nouveaux fait prédominer dans les communautés villageoises une rationalité libérale sous-tendant la recherche du profit par les paysans-éleveurs.

La rationalité libérale capitaliste, avec l'argent, se place au-dessus des logiques paysannes jusque-là connues par la société en termes de moyens de production.

B) L'appropriation privée de la terre

De même pour ce qui est du facteur de production qu'est la terre, la culture du coton a entraîné un bouleversement des anciennes formes de circulation de ce bien capital pour le paysan. La logique traditionnelle de l'espace agro-pastoral s'est trouvée dépassée non seulement par les phénomènes concrétisant des nouvelles formes de distribution de la terre telles que les locations, les ventes, les tendances à son appropriation privée par les villageois eux-mêmes, mais aussi par le système des champs communautaires, appelés blocs de coton, à l'intérieur desquels les paysans travaillent avec les moniteurs agricoles.

Les blocs de coton, par le fait qu'ils occupent de meilleures terres, qu'ils se trouvent encerclés par des arbres (neêms) formant une espèce de clôture, déterminent une sorte de propriété privée à la SODECOTON. En effet, les neêms à court terme permettent à la SODECOTON de localiser les meilleures terres. En 1980, ce phénomène dit de bornage avec arbres a vu environ dix-sept mille arbres plantés sur 1 700 ha dans la région Centre. Il consiste à sélectionner des variétés d'arbres plus nombreuses et à produire des plantations d'arbres à pousse très rapide permettant de piqueter des surfaces plus importantes. La rotation biennale sorgho-coton permet évidemment au paysan de garantir une parcelle pour la culture du sorgho, mais à condition qu'il suive le calendrier agricole imposé par la SODECOTON qui privilégie les activités relatives au coton au détriment de celles relatives au mil de saison des pluies qui débutent normalement en même temps. Conséquence : le paysan enclin à travailler d'abord les sorghos de saison de pluies se verra ôter de sa parcelle de coton dans le bloc et sera remplacé par un autre. Ainsi le système de blocs de coton définit implicitement une propriété foncière, voire un capital terre à la SODECOTON, sur lequel les paysans ne sont que des salariés déguisés.

Ce type de rapport entre la terre et la SODECOTON, et les paysans et la SODECOTON à travers la terre se diffuse en milieu rural. Les laamibé qui, d'une façon ou d'une autre, en assument le contrôle ne manquent pas eux aussi d'accaparer des surfaces considérables qu'ils peuvent soit directement vendre à certains paysans relativement aisés, soit mettre en location. Dans la plaine de Mora et de Kaélé, l'aristocratie lamidale est ainsi « propriétaire » d'immenses surfaces. En suivant attentivement les travaux de J. Boutrais dans la plaine de Mora, on se rend effectivement compte que l'appropriation des terres est liée ici au développement de la culture cotonnière (14).

Nous avons dégagé plus haut les différents coûts de location et de vente de ces terres dans les deux plaines de Mora et de Kaélé-Guidiguis (tableau 5). Il apparaît donc clairement que non seulement la terre a changé de propriété, mais aussi qu'elle est en passe de devenir le « capital » privé dominant de certaines catégories d'acteurs sociaux du développement rural, la classe dirigeante à travers la SODECOTON, les producteurs indirects ou les planteurs investisseurs que sont les laamibé et certains paysans relativement aisés, à travers la culture cotonnière. Cette dernière ne s'arrête pas là dans son entraînement de la domination du mode de production capitaliste dans la formation sociale lamidale. Car le coton est lié à un troisième phénomène qui matérialise plus objectivement cette domination : les ponctions paysannes.

(14) Voir Boutrais J., *La colonisation des plaines par les montagnards au nord du Cameroun (Monts Mandara)*, Paris, ORSTOM, 1970, 343 p. ; « Compétition foncière et développement au nord du Cameroun : la plaine de Mora », *Cah. ONAREST*, vol. I, n° 2, oct. Yaoundé 1978, pp. 53-90, on pourra aussi voir Rémy G., « De la montagne à la plaine : aspects et problèmes d'un mouvement de colonisation au Nord Cameroun », *Cah. d'Études africaines*, n° 47, 1972, pp. 500-511.

C) Les ponctions paysannes

L'agriculture réalise la majorité des exportations au Cameroun en général : 70 % — nous l'avons déjà dit — jusqu'en 1982. C'est le secteur où la classe dirigeante puise donc le plus pour le budget de l'État. Ce prélèvement dans l'agriculture se matérialise par des prélèvements directs et indirects du surplus paysan que nous assimilons ici aux ponctions. Hormis les prélèvements directs que sont les impôts et les différentes taxes (fiscalité, bétail, matériels attelés, etc.), de véritables ponctions paysannes s'opèrent dans le cadre de la SODECOTON où la classe dirigeante puise afin de remplir les caisses de l'État.

Par exemple, les forfaits coton constituent un ensemble de sommes dues à la SODECOTON par les paysans éleveurs en échange du crédit des inputs de la culture attelée ou de la modernisation agricole. Ainsi pour 0,25 ha de coton intensif, le paysan emprunte de l'engrais pour 5 000 à 5 500 CFA/ha ; un hectare de NPK correspond à 18 000 F, un hectare d'urée à 2 000 F, un hectare d'herbicide à 2 000 F, etc.

Ces prix aux producteurs fixés par la SODECOTON garantissent déjà tous ses avantages en termes de bénéfices et de profits. En outre, la SODECOTON ne court pas un grand risque concernant les remboursements : elle a le monopole du marché du coton d'où la plupart des frais d'inputs relatifs à certains produits tels que les engrais sont déduits sur place par les moniteurs payeurs. Et en cas d'insolvabilité de quelques paysans éleveurs, l'administration et les laamibé recourent à des actions répressives (appel aux forces de l'ordre) pour tout récupérer. Aussi les taux de remboursement varient-ils entre 99,47% et 100% selon les différents secteurs.

En 1980, les forfaits coton pour la région Centre s'élevaient à 492 326 000 F CFA. Durant la campagne 81-82, rien que le secteur de Guider-Nord (Mayo Ulo) a atteint 32 092 500 F CFA, le secteur de Guider-Sud (Sorawel) 53 526 000 F CFA. En 82/83, les seules quatre régions du Mayo-Luti, Nord-Ouest Bénoué, Ouest Bénoué, Sud-Est Bénoué ont atteint un montant de 1 100 885 985 F CFA. La région de Mayo-Luti elle-même concernée par cette étude, a fourni 199 808 500 F CFA, soit 41 796 500 F CFA pour le lamidat de Bidzar, 29 520 000 F CFA pour celui de Mayo-Luti.

Ainsi, apparemment profitables au paysan, puisqu'ils semblent lui donner des nouveaux moyens de production afin d'élever les rendements et les productions de la culture de rente, les forfaits coton ne sont rien d'autre que de véritables dettes permettant des prélèvements indirects au paysan. Ils masquent une réalité profonde : l'effective institutionnalisation d'un marché à crédit entre le paysan et la SODECOTON en milieu rural, marché à crédit qui couvre à son tour une rationalisation des surplus paysans accaparés sous forme de ponctions par la société d'État.

Par conséquent, au niveau des rapports marchands inhérents à l'emploi de la culture attelée ou de la modernisation agricole en vue de garantir un plus grand profit à la culture cotonnière, au niveau de l'appropriation privée de la terre et de l'érection de cette dernière en véritable propriété privée ou « capital », au niveau de l'extorsion du surplus paysan ou des ponctions de ce dernier par les acteurs sociaux du développement rural extra-lamidaux, à travers diverses formes de crédit agricole dont notamment les forfaits, le coton entraîne la prédominance du mode de production capitaliste dans la formation sociale lamidale actuelle au nord du Cameroun. La rationalité du paysan, tournée désormais vers l'argent, le rend inconsciemment un ouvrier agro-pastoral qui, au terme d'une campagne, perçoit un revenu qui ne lui permet que de reproduire sa force de travail. Les crédits agricoles à long ou court terme ne lui donnent que les conditions techniques de pouvoir la déployer dans un procès de production qui le rend dépendant du profit, du capital et des surplus qu'il doit produire pour les autres.

De ces données, la nature réelle de la formation sociale lamidale du Nord Cameroun peut se dégager : à « structure capitalistique retardataire de type colonial, à prédominance agraire », elle connaît actuellement un éclatement dû d'abord à l'économie de traite et à l'agriculture commerciale liée à la culture de rapport (coton) qui a entraîné la prédominance du mode de production capitaliste. Cette prédominance se manifeste au niveau de certains phénomènes sur lesquels elle est axée : la culture attelée avec les rapports marchands tournés autour du profit, la terre avec ses transformations en véritable « capital » privé connues maintenant et les ponctions paysannes avec les prélèvements du surplus paysan opérés par la SODECOTON. Les relations qui nous ont permis de dégager les différents acteurs sociaux du développement rural ne peuvent se saisir dès lors que dans un tissu de rapports sociaux contradictoires opposant les forces productives, notamment certains acteurs sociaux lamidaux du développement rural, aux rapports de production. D'après ce qui est dit plus haut, des contradictions régissent les rapports sociaux entre chef de saaré et apparentés, femmes, salariés agro-pastoraux, esclaves, laamibé et autres chefs traditionnels. La prédominance du mode de production capitaliste dynamise une formation sociale conflictuelle en milieu rural se reproduisant au rythme dominant du mode de production capitaliste, ce qui implique effectivement que la formation sociale lamidale est dépendante et dominée.

Le problème de telles formations sociales est posé par un groupe de chercheurs de l'ORSTOM (15). Sa thèse principale est que malgré la domination des communautés rurales africaines, ces dernières se reproduisent ; les migrations rurales en Afrique de l'Ouest, l'appareil scolaire, l'exode rural constituent des moyens apparents de la mise de certains agents économiques ruraux hors de l'emprise des aînés sociaux. Les migrants reviennent dans les communautés de départ avec les fruits qu'ils sont allés chercher, des objets de consommation qu'ils remettent à leurs aînés. Les biens de consommation acquis ainsi en ville rentrent dans les circuits de la circulation traditionnelle des biens à partir desquels les milieux ruraux se reproduisent. Et quoique dominées, les formations sociales africaines interprètent les phénomènes nouveaux à leur compte et parviennent à se reproduire. J.-Y. Martin parlant du phénomène de reproduction dans les sociétés peules et matakam de la formation sociale nord-camerounaise, dit que

> « cette structure sociale fonctionne sur le modèle de la reproduction élargie. D'une part, il y a capitalisation sociale d'individus assimilés ou asservis à partir du microcosme familial (saaré) et villageois (wuro) et d'autre part extension du contrôle politique des rapports sociaux » (16).

Ce qui, au fond, est vrai. Mais on dirait que, même dominées, ces formations sociales gardent leurs équilibres sociologiques. Ce qui consacrerait le fonctionnalisme qui défend la thèse de la communauté villageoise harmonieuse à la base.

C'est que finalement la reproduction se fait par réfutation de certains éléments de la formation sociale et par leur remplacement par d'autres : l'équilibre reste toujours sauvé. Cette théorie de la

(15) Voir travaux et documents de l'ORSTOM : *Essais sur la reproduction des formations sociales dominées (Cameroun, Côte d'Ivoire, Haute-Volta, Sénégal, Madagascar, Polynésie)*, Paris, 1977, 192 p.

(16) Martin J.-Y., « Appareil scolaire et reproduction des milieux ruraux », in *op. cit.*, p. 55-67, p. 65 et suivantes.

reproduction relève d'un idéalisme fonctionnaliste, car elle met l'accent sur un phénomène non essentiel au vu des spécificités des formations sociales dominées : la circulation traditionnelle des biens. Depuis Marx nous savons que

> « les conditions de la production sont aussi celles de la reproduction, une société ne peut se reproduire (...) sans transformer continuellement une partie de ses produits en moyens de production » (17).

Ainsi les conditions de la production ou de la reproduction et la transformation des produits en moyens de production sont à rechercher dans la contradiction entre les forces productives et les rapports de production dans lesquels elles sont insérées, donc dans les contradictions ou conflits sociaux. Si la reproduction se fait ici en dépit de la domination, c'est que nécessairement les rapports sociaux sont essentiellement contradictoires au niveau de la communauté villageoise, que cette reproduction ne garantit pas du tout l'harmonie des villages. La reproduction est toujours la résultante des contradictions et des conflits sociaux, émanant de l'opposition des intérêts.

Aussi, la théorie de la reproduction proposée par l'ouvrage de l'ORSTOM suscité ne repose nullement sur la sociologie, mais sur l'anthropologie classique. Ce qui nous intéresse dans les formations sociales africaines de l'heure — dominées effectivement dans l'ensemble — n'est pas la description simple de leur processus de reproduction, mais les contradictions sociologiques qui constituent les conditions de possibilité de la dite reproduction. Ces contradictions s'observent des concessions villageoises à la société internationale dont sont dépendants les paysans par le biais des cultures d'exportation et des modèles de consommation qu'elle injecte dans la société africaine. Si les formations sociales dominées se reproduisent, au bénéfice de qui en gros cette reproduction se fait-elle ? Du mode de production capitaliste actuellement prédominant ou des autres modes de production secondaires entrant aussi dans la composition de la formation sociale tout entière ? C'est là la problématique sociologique de la nature réelle des formations sociales africaines à l'heure actuelle.

S'agissant du Nord Cameroun, nous avons montré plus haut les seuils d'articulation du mode de production capitaliste avec le système lamidal, nous avons encore montré comment, sans détruire

(17) Marx K., *Le Capital*, livre 1er, Éd. Soc., Paris, 1977, 762 p., p. 403.

systématiquement le mode de production tributaire féodal caractérisant la formation sociale lamidale à l'état pur, le mode de production capitaliste devenait prédominant. Nous nous sommes appuyé notamment sur trois phénomènes : l'introduction des nouveaux moyens et facteurs de production liés à la culture attelée, la transformation de la propriété collective de la terre en propriété privée, les ponctions ou surplus paysans. Ces trois phénomènes concourent à la loi de la reproduction des sociétés industrielles : « produire plus et mieux, à moindre coût », pour se perpétuer.

La reproduction se fait donc non seulement par le mode de production capitaliste comme moteur essentiel dans la formation sociale nord-camerounaise, mais aussi à l'instar et pour le compte des sociétés industrielles. Le phénomène de reproduction n'est donc plus isolé, il combine les éléments féodaux, esclavagistes, petits marchands aux éléments capitalistes prédominants comme la formation sociale elle-même où il s'opère. La domination capitaliste enchevêtre à l'échelle villageoise un mode de reproduction qui lui ressemble. J. Weber le constate très bien quand il dit que

> « dans des conditions actuelles de leur reproduction, les sociétés paysannes d'Afrique noire sont dans une relation de domination aux lois de reproduction des sociétés industrielles, par le biais des cultures d'exportation, de l'exode rural, des systèmes de prix et de prélèvements du surplus, etc. » (18).

Le plus intéressant ici est donc que les mécanismes de fonctionnement traditionnel de la formation sociale lamidale dans laquelle un système de reproduction spécifique par rapport à celui inhérent au mode de production capitaliste prévalait, n'existent plus. L'introduction de la culture du coton et les nouveaux moyens et facteurs de production afférents ne s'accompagne plus tout simplement du mode de production capitaliste dans le milieu rural, mais aussi de la rationalité technique moderne qui induit finalement un système de reproduction à l'instar des sociétés industrielles.

La culture du coton apparaît en dernière instance comme un véritable agent du changement social au niveau des structures agraires.

A son tour, le changement des structures agraires entraîne celui

(18) Weber J., « Logiques paysannes et rationalité technique : illustrations camerounaises », in *Maîtrise de l'espace agraire et développement en Afrique tropicale (logique paysanne et rationalité technique)*, ORSTOM, Paris, 1979, 600 p., pp. 311-315, p. 315.

des mentalités qui renvoient directement au bouleversement des logiques paysannes traditionnelles. Car la formation sociale semble rester contradictoire. En même temps que la prédominance du mode de production capitaliste se matérialise au niveau de la culture de rente qu'est le coton, la culture du muskwari paraît servir de réajustement à une menace de dépérissement de la société rurale.

La culture du muskwari, selon J. Weber est pratiquée de longue date par les populations musulmanes du Nord Cameroun (19). Sa diffusion auprès des populations non musulmanes serait contemporaine de celle du coton. Elle se serait accélérée à partir de 1970. Elle réunirait actuellement toute une logique paysanne, tout un ensemble de systèmes culturaux cohabitant avec la culture cotonnière. Le muskwari en ce sens serait le contrepoids de la culture cotonnière dans le système lamidal. Contrepoids au niveau de la tendance dominatrice du coton dans le champ purement agricole, contrepoids au niveau de l'innovation technologique, contrepoids au niveau de la destination des produits (puisqu'il est voué au dedans alors que le coton est voué au dehors).

Or, même les karaal, terres sur lesquelles se cultive le muskwari, sont actuellement imbriquées dans les rapports marchands. Aussi reste-t-il irréversible que le coton, qui a entraîné les formes marchandes de la circulation de la terre, soit le promoteur du capitalisme dans le nord du Cameroun.

> « Le développement du muskwari dans le Nord Cameroun est donc entièrement le fait des paysans. Il montre bien la capacité d'adaptation d'une société rurale, lorsque son équilibre est menacé (20). »

Contrairement à cette assertion, le muskwari, en fin de compte, ne fait plus se maintenir le prétendu équilibre évoqué ici. Sa production elle-même s'est déjà imbriquée dans les réseaux marchands capitalistes. La vente des terres en limite largement la production et sa concurrence avec le coton en temps des travaux, surfaces en hectares, main-d'œuvre, etc., ne consacre que la réalité d'un capitalisme agraire (21). Cette situation n'épargne aucune culture vivrière comme le reste des sorghos, le voandzou, les

(19) Weber J., ibidem.

(20) Weber J., ibidem.

(21) Voir à ce propos Amin S. (sous la direction de) : *L'agriculture africaine et le capitalisme*, Anthropos-IDEP, 1975, 377 p.

oignons, etc. dans le Nord Cameroun. La contradiction évoquée plus haut au sein de la formation sociale entre le coton et le muskwari et les deux systèmes de culture qu'ils entraînent reste apparente. La contradiction essentielle est au niveau des forces productives et des rapports de production tels qu'informés par le mode de production capitaliste dominant. En d'autres termes, au sein de la formation sociale actuelle nord-camerounaise où la reproduction se fait à l'instar de celle du mode de production capitaliste, la société rurale a ses contradictions essentielles dans les inter-relations (rapports sociaux) entre les acteurs du développement rural eux-mêmes.

En effet, le mode de production capitaliste intervient ici comme un élément allogène perturbant un certain ordre établi ; il opère des bouleversements structurels au sein des systèmes agraires de départ. Ces bouleversements ont des répercussions au niveau de la position d'intérêts de la société traditionnelle, en fonction des stratifications préexistantes. La dépendance de tous les acteurs de la communauté villageoise à un mode de production étranger renvoyant nécessairement à des acteurs sociaux supérieurs cristallise l'opposition d'intérêts inhérente à la position d'intérêts de la société de départ (traditionnelle). Les nouveaux modèles sociétaux amenés par le mode de production capitaliste contribuent à l'exacerbation des intérêts contradictoires jusque-là potentiels dans la société traditionnelle. L'articulation du mode de production capitaliste avec le système lamidal matérialise les points de conflits évidents dans la formation sociale rurale nord-camerounaise au niveau du nouveau procès de production et de reproduction.

Ainsi la formation sociale lamidale présente actuellement un certain nombre de caractéristiques. Comme toutes les formations sociales, elle comprend des modes de production, le mode de production capitaliste étant prédominant, et d'autres modes de production secondaires dont le féodal, l'esclavagiste, le petit marchand, le lignager, etc. Ensuite c'est une formation sociale dépendante de la production capitaliste.

C'est le lieu de distinguer ici formation sociale dominée et formation sociale dépendante. En fait, une formation sociale dominée n'est pas nécessairement dépendante de la production capitaliste. Si formation sociale dépendante implique formation sociale dominée, l'inverse n'est pas toujours vrai dans le sens où nous entendons par dépendance, dépendance capitaliste. Une formation sociale précapitaliste, qui ne connaît pas encore une économie d'exportation, peut être dominée par des castes, ordres et aînés sociaux, mais elle n'est pas forcément dépendante du mode de production capitaliste. Les Bakweri sont à ce titre considérés comme des marginaux au Cameroun ex-occidental. Les Pygmées du Sud et de l'Est Cameroun peuvent constituer un second exemple : ils ne connaissent à l'heure actuelle que certaines formes de troc, mais ils ne sont incorporés dans aucune culture d'exportation au niveau de leurs communautés villageoises dans la forêt. Aussi de vastes programmes de recherches visant à l'intégration des Pygmées dans les processus de la vie moderne sont-ils en cours au ministère de l'Enseignement supérieur et de la Recherche scientifique et à celui des Affaires sociales. Ces deux niveaux de la domination (interne et capitaliste) peuvent remettre en cause la dépendance capitaliste. La formation sociale lamidale est aussi dominée à un double niveau intranational (laamibé, classe dirigeante camerounaise) et par la société internationale (nous y reviendrons plus loin). La formation sociale lamidale se caractérise aussi par une hétéroclité ethnique, religieuse (mais où l'islam est sociologiquement dominant) et donc par des contradictions sociales entre les acteurs qui l'animent. Toutes ces données convergent en direction d'une formation sociale contradictoire. Aussi pouvons-nous dire que la nature réelle de la formation sociale lamidale est à prédominance capitaliste; qu'elle est le centre de diffusion des mécanismes de dépendance et de domination en milieu rural, qu'elle est essentiellement conflictuelle.

Cependant il convient de faire mention d'un point important : la problématique de la formation sociale au Nord Cameroun, en dernière analyse, repose sur les problèmes de transition du féodalisme au capitalisme. L'instance infrastructurelle du système lamidal traditionnel est fondée sur l'économie de la djakka qui matérialise un mode de production féodal où les rapports sociaux serviles sont extrêmement importants : la prédominance actuelle du mode de production capitaliste met en affrontement le système féodal et le système capitaliste, mais aussi procède à un cloisonnement d'éléments originaires des deux systèmes en lutte pour la suprématie. Car

> « le passage d'un système social à un autre s'effectue selon le processus qui met deux systèmes en position d'affrontement et de lutte pour la suprématie. Un tel processus, naturellement, n'exclut pas la possibilité de formes de transition, mais ces

> formes de transition sont pensées comme un mélange d'éléments provenant de deux systèmes en concurrence » (22).

Ainsi le problème de transition est lié à la problématique des formations sociales. Il est plus un examen des interactions observables entre les systèmes ou les modes de production au sein d'une formation sociale. Si le mode de production capitaliste est prédominant ici, ceci n'exclut pas le mode de production servile, le conservatisme, la réfraction au changement social caractéristique du système féodal lamidal tel qu'il s'appréhende actuellement. Nous disons tout simplement que le point fondamental de la contradiction n'est pas au niveau des deux systèmes en tant que tels puisque le mode de production capitaliste a inféodé les autres modes de production dans ses mécanismes de reproduction (c'est ce qui consacre sa domination), mais au niveau des acteurs sociaux.

N'empêche que, à côté de lui (le mode de production capitaliste), le système féodal actuellement secondaire et auparavant dominant, au nom d'une logique devenue secondaire et d'une rationalité habitées encore par l'aristocratie lamidale, interprète la modernité capitaliste selon son « habitus » traditionnel et, par conséquent, ne contribue pas à l'extinction complète du système de départ. Car entre les laamibé et les paysans sujets, il y a toujours maintien des techniques et des rapports sociaux de production préexistants, condition de possibilité essentielle de la reproduction du capitalisme dans la formation sociale lamidale. Contrairement donc au déclin du système féodal, lié à l'incapacité de la classe dominante de maintenir la surexploitation d'une certaine force de travail au niveau de la société globale vécu en Europe occidentale, les spécificités de la formation sociale lamidale font plutôt qu'à l'heure actuelle il n'y a pas destruction systématique du système féodal nord-camerounais et des modes de production qui s'y articulent (lignager, petit marchand, esclavagiste, servile, parcellaire, etc.).

C'est l'ensemble de tous ces modes de production cohabitant avec le mode de production capitaliste dominant qui constitue la nature même de la formation sociale lamidale actuelle. Cette formation sociale est donc bien complexe. Complexité qui introduit même la problématique du développement rural dans le nord du Cameroun.

(22) Dobb M., Sweezy P.-M., *op. cit.*, t. I, p. 67.

CHAPITRE III

La problématique du développement rural dans le nord du Cameroun

> « Il n'y a de développement rural que si le progrès économique ou la création de richesse bénéficie à l'ensemble d'un pays, régions et couches sociales confondues (1). »

Cette assertion nous met au cœur de la problématique du développement rural au Cameroun en général où

> « le monde rural fournit les trois quarts des recettes d'exportation qui alimentent très largement le budget de l'État (2) ».

En effet, dans le cadre de cette étude, ce sont les rapports sociaux entre les différents acteurs du développement rural qui nous intéressent en ce qui concerne le nord du Cameroun. Or, nous connaissons déjà les différents rapports sociaux qui sont tissés entre les acteurs du développpement rural. A l'échelle des communautés villageoises, les deux groupes sociaux constituant les acteurs du développement rural sont déterminants : les laamibé et les paysans sujets. C'est que l'encadrement des activités agro-pastorales par les laamibé et les interactions entre ces derniers, les paysans sujets et les acteurs extra-lamidaux — classe dirigeante, société internationale, la nature même de la formation sociale

(1) Boutrais J., Courade G., Gubry P., *Population, planification et développement rural : l'exemple du Cameroun*, T.D. ISH, 1979, 163 p., p. 5.

(2) Boutrais, J. (et autres), *op. cit.* p. 7.

lamidale — rendent problématique le développement rural dans le nord du Cameroun.

Si le lamidalisme est lié au développement de la culture cotonnière comme nous l'avons vu, les laamibé ont alors des fonctions socio-économiques spécifiques dans l'encadrement de celle-ci et des activités pastorales. Avant d'examiner les fonctions socio-économiques des laamibé, il convient de présenter succinctement leurs différentes attributions dans la société traditionnelle.

Traditionnellement, le laamido était un administrateur du village. Il lui incombait de faire régner la justice, il présidait les séances de tribunal, réglait les litiges fonciers et de ménage. Chef politico-religieux, le laamido faisait la guerre et supervisait les cérémonies religieuses. Ces attributions l'ont rendu plus proche des populations locales, sur lesquelles il avait une influence sans égale.

La colonisation a compris cela. Elle l'a transformé en administrateur-relais, appuyant la nouvelle administration et sa vulgarisation auprès des populations. Les colons eux-mêmes se rendirent compte que sans les laamibé leur entreprise aurait été vouée à l'échec, car elle avait besoin d'un soutien, fût-il par force, de la plupart des populations locales indigènes. Le gouverneur colonial du Nord put écrire ceci à propos :

> « Je vous prierai de considérer comme base de notre politique que les laamidos sont ici le seul instrument sur lequel nous puissions compter puisque nous ne pouvons pas faire d'administration directe et que par suite nous devons faire tout notre possible pour raffermir leur autorité (3). »

Dans la même acception, Delavignette, à la veille de la Deuxième Guerre mondiale, avait déjà laissé entendre qu'

> « il n'y a pas de colonisation sans politique indigène, pas de politique indigène sans commandement territorial et pas de commandement territorial sans chefs indigènes qui servent de rouages entre l'autorité coloniale et la population (4) ».

(3) Cité par Fogui J.-P., *Autorités traditionnelles et intégration politique au Cameroun*, thèse d'État, Science Politique, Université de Bordeaux I, 2 vol., 1978, 640 p. multigr., p. 206.

(4) *In* Fogui J.-P. *op. cit.*, p. 204.

Ces écrits coloniaux sont clairs pour montrer l'inféodation du laamido au système colonial et par conséquent les transformations subies par son rôle au niveau de la nouvelle administration.

Le laamido est donc devenu un instrument au service de la colonisation, à qui bien sûr un certain nombre de tâches était dévolu. Notamment le laamido s'occupait de la collecte de l'impôt, il était officier de l'État civil, veillait au maintien de l'ordre et surtout propageait les nouvelles orientations politiques, économiques et sociales de l'administration coloniale auprès des populations indigènes. Ces nouvelles fonctions existent dans l'État camerounais actuel, mais ce qui semble réellement marquer un tournant dans la pratique lamidale, c'est que le laamido a cessé d'être celui qui pouvait se targuer du titre de garde-fou pour ses sujets, comme le marabout chez les mourides du Sénégal, malgré des rapports d'exploitation toujours existants entre celui-ci et son taalibé. Le laamido est devenu tour à tour le laamido du colon et du coton avec l'avènement de l'économie de traite.

La culture du coton, imposée par l'administration coloniale et maintenue aujourd'hui par la classe dirigeante camerounaise s'est développée très efficacement sous la houlette des laamibé. En l'encadrant avec certaines activités pastorales, elle a plutôt contribué à devenir une source d'appropriation privée pour eux, de nouveaux moyens et facteurs de production liés à la culture attelée. Pour comprendre cette évolution qui engendre un grave problème de blocage du développement rural ici, il est intéressant de présenter maintenant les fonctions socio-économiques du laamido dans un lamidat.

Nous avons parlé des instances infrastructurelle et superstructurelle du système lamidal. Nous avons vu comment l'articulation de ces instances a permis celle du mode de production capitaliste avec le système lamidal. Notamment le phénomène de la djakka et l'idéologie religieuse islamique assurent la production et la reproduction du système lamidal. L'instance infrastructurelle où les forces productives entrent en relation avec les producteurs indirects à travers la djakka et l'instance superstructurelle où se trouve l'idéologie se combinent en attribuant à l'idéologie la déterminance en dernière instance. Car c'est l'idéologie religieuse relevant d'un type d'interprétation du Coran qui, dans le système lamidal, détermine dans ses multiples fonctions l'accès aux ressources et aux moyens de production, consacre la forme sociale de l'appropriation de la nature. Ce sont donc les rapports sociaux idéologiques, religieux qui fonctionnent dans le lamidalisme comme rapports de production.

Nous sommes dans ce cas précis au cœur d'un grand problème épistémologique du marxisme relatif aux fondements de la dominance des facteurs extra-économiques.

Engels, critiquant Dühring sur la thèse selon laquelle « le politique passe avant l'économie », aborde ce problème. Il dit que

> « partout une fonction sociale est à la base de la domination politique ; et que la domination politique n'a aussi subsisté à la longue que lorsqu'elle remplissait cette fonction sociale qui lui était confiée (5) ».

Ceci implique une réalité : que ce soit l'économique, le politique, l'idéologique, la religion, la parenté, etc., dès lors que l'une de ces structures fonctionne comme rapports de production, elle est la « déterminance en dernière instance ». M. Godelier qui vient de réfléchir sur ce problème en arrive à cela :

> « les rapports sociaux ont un rôle plus ou moins déterminant selon les fonctions qu'ils assument et les rapports "déterminants en dernière instance" seraient ceux qui fonctionnent comme rapports de production (6). »

Les rapports de production ne sont autres que la fonction sociale dont parle Engels. Fonction sociale sans laquelle l'idéologie religieuse ne serait jamais prédominante dans la reproduction du système lamidal du Nord Cameroun. Ceci veut concrètement dire que la relation idéologique religieuse qui lie le paysan au laamido permet au premier de s'engager dans une activité sociale, de transformer la nature dans un système spécifique de l'économie de la djakka.

Le paysan est habitué à payer la djakka parce qu'il sait qu'il sert un individu — le laamido — dont le pouvoir est incontestable puisqu'il émane directement d'Allah. Le laamido représente donc Allah sur terre. Donner au laamido, c'est donner à Allah, protecteur de toute la société. Le lien idéologique à Allah se matérialise par la dépendance personnelle du paysan au laamido dans le procès de transformation sociale de la nature et donc dans le procès du travail. Cette dépendance consacre une soumission inconditionnelle

(5) Engels : *Anti-Dühring*, Éd. Soc., Paris, 1977, 495 p., p. 208.

(6) Godelier M., *L'idéel et le matériel*, Fayard, Paris, 1984, 348 p., p. 194 et suivantes.

du paysan au laamido. Cette soumission permet au laamido de régenter le paysan-sujet. Ce dernier ne peut s'engager au niveau de la communauté s'il n'a pas l'aval du laamido ; aucune opération de développement rural ne peut non plus avoir le soutien du paysan si elle n'est pas acceptée par le laamido. Le laamido est donc ici l'aval et l'amont de principe au sein de son lamidat.

Durant nos enquêtes, dans le village de Djidoma, nous avons assisté au refus catégorique des paysans de créer un marché de coton auto-géré, c'est-à-dire dirigé par eux-mêmes parce que les techniciens de la SODECOTON ne se sont pas bien entendus avec le laamido de Kaélé ayant autorité à Djidoma ; plusieurs points d'eau ne sont pas installés dans certains lamidats, par la mission chrétienne, vu les mauvais rapports entretenus entre cette dernière et les laamibé. Dans le Mayo-Uldémé, la mission chrétienne organise un système de travaux communautaires ayant au programme des activités agricoles telles que les jardins, les activités pastorales comme l'élevage des bœufs, des porcs sur un terrain de 5 ha acheté par la mission ; sept à huit personnes y adhèrent seulement dans ce lamidat de près de trois mille habitants. Dans ce grand village animiste, l'administration française a placé un laamido qui était le petit frère du premier et qui, islamisé, a épousé les comportements des grands chefs musulmans envers la mission chrétienne. Dans le lamidat de Lam, à Guider, malgré la bonne volonté des prêtres d'aider les paysans par certaines organisations de travail, le laamido de Guider n'hésite pas à perturber de telles activités. Ainsi, la place du laamido au sein du système se trouve au niveau de deux types de rapports sociaux qui le lient aux paysans et qu'il régule.

- Les rapports sociaux économiques.
- Les rapports sociaux idéologico-politiques.

I — LES RAPPORTS SOCIAUX ÉCONOMIQUES

Nous avons dit que c'est l'articulation de l'économie de la djakka avec l'idéologie d'un certain islam qui détermine le comportement du paysan envers le laamido ; ce comportement est essentiellement marqué par une soumission absolue. Cette soumission se caractérise par des journées de travail chez le laamido. Celles-ci, au départ, étaient une forme d'entraide (sourga). Les paysans se choisissaient des journées de travail collectif selon un système rotatif sans distinction de rang social. Après le travail, qui pouvait durer une demi-journée, ils buvaient de la bière de mil. Ce système avait pour but de préserver la force de travail, selon une logique toute paysanne. Les chefs qui n'étaient pas encore aussi puissants que maintenant en milieu animiste n'échappaient pas à la règle et travaillaient en contact direct avec la terre. Actuellement, les journées de travail ne se font que pour les laamibé. Le débroussage, le sarclage, le repiquage, les semis, etc. sont autant d'activités supportées par la force de travail paysanne. Dans le Mayo-Uldémé, Tokombéré, Makalingaï, les laamibé font travailler les paysans sur leurs champs de muskwari, coton, etc., moyennant 200 à 400 F CFA chacun, s'il s'agit d'une demi-journée. Dans la plaine de Kaélé, le laamido envoie les paysans à plus de 7 km pour travailler dans son champ de coton ou de muskwari moyennant rien. Dans le Mayo-Uldémé, les chefs musulmans font travailler de même les paysans fali, mundang de Dourbeye. Ces travaux collectifs, tournés à l'unique avantage de l'aristocratie lamidale, ont trois genres de conséquences :

1) ils retardent les paysans dans leurs propres champs compte tenu du calendrier agricole puisqu'il faut d'abord travailler dans les champs des chefs ;

2) ils entraînent un véritable gaspillage de la force et du temps de travail pour les exécuteurs.

Les paysans vont en brousse à 6 heures, les champs situés à plus de 10 km les fatiguent après une longue marche ; s'ils travaillent jusqu'à 13-14 heures, ils ne peuvent plus travailler le même jour dans leurs propres champs ;

3) ces travaux collectifs introduisent un phénomène d'exploitation de la force de travail paysanne.

Dans un lamidat de trois mille habitants actifs, le laamido dispose seul d'une force productive sans égale.

La contrainte de main-d'œuvre en période de pointe s'avère ainsi éminente pour un paysannat qui ne dispose que de sa force physique. Les travaux collectifs chez les laamibé introduisent dans le sytème lamidal de véritables rapports serviles. Tout se passe comme si les paysans étaient les travailleurs gratuits des grands chefs islamisés.

Dans un tel tissu de rapports, les laamibé occupent une place de choix dans le développement rural. Non seulement ils constituent une classe de producteurs indirects, mais aussi ils sont les premiers bénéficiaires des opérations de développement rural. Ils disposent des meilleures terres. Selon les rapports de clientèle les liant à l'administration moderne, ils ont plus de facilité pour accéder aux matériels attelés. Forts d'un salaire permanent chaque mois dépassant les 300 000 F CFA, les laamibé peuvent à ce titre louer plus facilement les charrettes à la SODECOTON qu'ils font encore louer aux paysans démunis. Ils sont responsables de la distribution des céréales dans les villages. Pendant la période de soudure, l'Office céréalier, sur leur demande, débloque des sacs de mil ou de riz pour les villages éprouvés ; tout en assurant la distribution les laamibé accaparent de bonnes quantités et ne remboursent pas le plus souvent les sommes d'argent afférentes à l'Office. Pour la culture du coton, ils touchent des royalties dépassant 0,33 F CFA par kilo, compte tenu des tonnages produits par leur lamidat.

S'agissant des activités pastorales, des sommes d'argent sont versées aux paysans pour élever certaines bêtes pour le compte des besoins administratifs en culture attelée. La SODECOTON est chargée de coordonner cette activité avec les laamibé ; elle vise, entre autres, à constituer une bonne réserve de bœufs ou animaux de trait utilisables pour les activités de coton. Les laamibé non seulement confisquent des sommes énormes à leur propre profit, mais aussi ne manquent pas de soustraire, pour leur propre compte, des paires de bœufs de trait, d'ânes ou de chevaux. L'on voit bien ici que le solde du développement rural au niveau villageois est au profit des laamibé.

II — LES RAPPORTS SOCIAUX IDÉOLOGICO-POLITIQUES

De même, au niveau des rapports sociaux idéologico-politiques, la domination lamidale est des plus patentes. Le laamido représente Allah sur terre. Ceci lui vaut tout le respect auprès des paysans. Comme le note M. Prouzet,

> « des liens d'allégeance personnelle unissent les laamibé à leurs sujets. Les chefs apparaissent comme des personnes auréolées d'un halo mystique (7) ».

Ceci se justifie par l'idéologie religieuse qui façonne la vision du monde du paysan devant son laamido. Nous en avons largement parlé plus haut.

(7) Prouzet M., *Le Cameroun*, LGDJ, Paris, 1979, 377 p., p. 37.

Cependant, ce rapport qui lie le sujet au laamido est largement utilisé par l'administration moderne. Le laamido occupe ainsi de par même ce qu'il représente auprès de ses sujets paysans, une place importante dans les rapports sociaux idéologico-politiques. Il représente l'administration moderne, le « gomana » dans le langage villageois. Comme dans la société coloniale, il est la courroie de transmission entre le pouvoir politique moderne et les paysans. Ceci lui donne un surplus de pouvoir sur ces derniers. A partir des nouvelles institutions, il est le régulateur des rapports sociaux entre la classe dirigeante et les paysans. Deux extraits de lettres administratives adressées aux laamibé peuvent éclaircir davantage ce propos :

> « J'ai l'honneur de vous faire parvenir ci-joint, le programme des marchés de coton en vous demandant de bien vouloir prendre toutes les mesures susceptibles d'accélérer les travaux de la récolte du coton, en vue de permettre d'une part aux paysans de vendre leurs produits et d'autre part de vous permettre de recouvrer l'impôt le plus tôt possible sans difficulté (lettre adressée collectivement aux laamibé, 22/12/72) (8). »

> « J'ai bien constaté que bon nombre de producteurs n'ont pas à ce jour entrepris la récolte de coton de leurs champs, ce qui en ce moment fait traîner la commercialisation de ce produit. Afin d'éviter de regrettables retards dans la perception des impôts, je vous serais obligé de bien vouloir prendre toutes les dispositions qui vous paraîtraient les meilleures pour exciter les cultivateurs à accélérer la récolte de leur coton (Lettre du 6/12/72 à un laamido) (9). »

La place occupée par les laamibé dans la production cotonnière et la collecte des impôts est essentiellement idéologico-politique. Elle les propulse au plus haut de l'échelle sociale. Ce qui entraîne, comme nous l'avons précédemment montré au niveau des rapports sociaux économiques leur domination idéologico-politique sur les paysans sujets. A ce titre, l'aristocratie lamidale constitue un des éléments majeurs de la problématique du développement rural dans sa fonction socio-économique au nord du Cameroun. Contrairement aux paysans, elle sert les intérêts de la classe dirigeante et les siens propres. Une contradiction d'intérêts se dynamise ainsi au sein du milieu rural entre les acteurs eux-mêmes du développement rural. Il convient actuellement de voir le rôle de la

(8) In Fogui J.-P., op. cit., p. 399 et suivantes.

(9) In Fogui J.-P., op. cit., p. 399 et suivantes.

classe dirigeante à travers les organismes étatiques d'intervention : l'Office céréalier et la SODECOTON qui nous intéressent particulièrement.

III — L'OFFICE CÉRÉALIER

Créé en 1975, l'Office céréalier a pour principaux objectifs le réglage des prix de céréales, la constitution des stocks de sécurité et un stock régulateur du marché, c'est-à-dire relayant les marchés en période de soudure. Il doit stabiliser les prix des céréales afin d'assurer un revenu élevé au paysan et nourrir les villes moins cher. Pour les paysans, l'Office céréalier, avec ses buts, est appelé « le grenier du Gomana ». Ainsi l'Office apparaît fondamentalement comme un organisme de commercialisation des céréales. Au niveau des départements, il comprend des antennes qui supervisent cette commercialisation. Dans les arrondissements, il y a des centres, et des dépôts à l'échelle des districts.

Le chef d'antenne est chargé de la recherche des débouchés entre les zones dites déficitaires et celles de grande production. Les secondes servent au ravitaillement des premières. Dans la plaine de Mora, zone de production de céréales par excellence, les zones de grande production sont : Kouyapé, Mémé, Boundéri, Tokombéré, Uldémé. A son démarrage, en 1975, la FAO a aidé l'Office.

Le prix de vente des sacs de céréales au paysan en général se fixe au cours d'une réunion de synthèse après une campagne agricole. Le mil blanc et le muskwari valent 9 500 F CFA le sac. Parfois le prix d'achat au paysan est fonction des zones. A Oumaka, sur Waza dans l'Extrême-Nord, le sac de mil rouge est à 10 000 F CFA (10). Les laamibé et leurs secrétaires ont la responsabilité de déclarer les demandes en cas de soudure. La responsabilité de distribution aux paysans leur revient avec, à l'appui, la liste de ces derniers. L'Office, à ses débuts, a réalisé des succès. A Bogo, dans la plaine du Diamaré, l'écoulement des céréales s'est bien passé. Mais la paralysie de l'Office a pris naissance à partir même de sa structure très lourde. Le placement des fonds au niveau villageois se fait à l'échelle des laamibé et autres chefs traditionnels. Ce qui entraîne plusieurs défaillances comme l'achat aux paysans à des

(10) Avec cette évolution, les sacs de mil atteindront bientôt une variation de 15 000 à 20 000 F CFA à l'Office céréalier.

prix non garantis et sans versement des reliquats à l'Office. En partant d'une estimation de 50 000 tonnes la partie commercialisée des céréales n'est pas plus importante car 80% sont autoconsommés et l'évolution de l'Office se fait en concurrence avec les commerçants, acheteurs traditionnels (djaaoro), les SCOOPED (11), donc par des courants spéculateurs parallèles. La partie achetée par l'Office est estimée à 10 % de la quantité commercialisée.

En outre, l'Office couvre une zone vaste, qu'il a du mal à absorber, qui s'étend sur une superficie de 160 000 km^2. Les subventions de la part de l'État arrivent tard, ce qui entraîne un manque de fonds nécessaires pour le démarrage des campagnes. Or, l'Office est entretenu financièrement par des subventions et ses fonds propres. En 1984, les estimations pour ceux-ci vont à 2 milliards 24 millions de francs CFA. Quand l'Office revend pendant la soudure, après avoir acheté durant les récoltes, les paysans ne disposent plus de fonds. Les prix évoluent entre 8 000 F et 10 000 F CFA le sac de mil vendu au paysan. D'autre part, l'Office a une clientèle relevant des autres sociétés d'État. Il achète du riz à la SODERIM (12), 16 000 à19 000 F CFA le sac. Le maïs est acheté à la SODEBLE (13) et à la SODECOTON 8 000 F CFA plus le sac. Ici apparaissent les pesanteurs liées au marché des céréales qui font que l'Office perd ses objectifs. Aussi l'Office, en définitive, est coupé de toutes les couches du milieu rural. Selon nos enquêtes, la classe musulmane étant directement liée à l'administration s'approprie les produits de l'Office. Cette classe, en milieu rural, comprend plus que les laamibé et autres chefs traditionnels puisqu'elle regroupe les députés et les commerçants (bien que ce soient toujours ici les laamibé qui occupent les postes de députés et de commerçants). La montagne est complètement ignorée par l'Office car le mode de répartition se fait en fonction des privilèges ethniques du pouvoir, ce qui entraîne des blocages par quelques acteurs possédant des privilèges auxquels l'islam ne sert que de couverture.

(11) SCOOPED : Société coopérative d'Épargne et de Développement.

(12) SODERIM : Société de Développement de la riziculture moderne.

(13) SODEBLE : Société de Développement de la culture du blé.

IV — LA SODECOTON

La SODECOTON a été créée en 1974. C'est une société d'État chargée de promouvoir un développement intégré dans le Centre Nord. La SODECOTON est actuellement plus que jamais la seule société dans le nord du Cameroun chargée de coordonner les activités agro-pastorales liées au monde rural. Dans le cadre du projet Centre-Nord, elle a, par le canal de la Banque Mondiale, reçu une importante somme d'argent pour un développement intégré. En fait, le rôle de la SODECOTON est d'encourager la culture agro-pastorale. En encadrant la culture cotonnière, elle doit aussi en faire autant des cultures vivrières.

Quand on examine les rapports d'activité de cette société, on aperçoit apparemment les efforts qu'elle déploie pour mener à bien cette tâche. Non seulement elle encadre le coton mais aussi le vivrier. S'agissant des arachides, la culture intensive a déjà été mise sur pied ; elle semble actuellement plus privilégiée que la culture améliorée reposant seulement sur l'utilisation des semences sélectionnées. Durant la campagne 83-84, la région Centre a connu les résultats donnés dans le tableau n° 13 pour l'arachide intensive (voir page suivante).

S'agissant du riz, les surfaces cultivées traditionnellement se retrouvent en bas-fond et sont actuellement très réduites. Elles sont estimées entre 700 et 800 ha, notamment dans la zone de Guider. Mais d'autres zones sont celles où la riziculture pluviale et la riziculture irriguée sont pratiquées comme dans les régions du Sud et du Sud-Est.

La région Centre pratique aussi la culture du maïs à l'instigation de la SODECOTON. Durant la campagne 83-84, les résultats se présentent comme montrés dans le tableau n° 14 (page suivante).

Pour les activités liées à l'élevage, le constat selon lequel la culture attelée est très limitée a entraîné durant la campagne 83-84 la création des services zootechniques avec un moniteur par zone pour vendre les détiqueurs. Des objectifs ambitieux pour la culture attelée ont été conçus. Les prévisions vont de vingt mille à trente mille attelages. Les surfaces susceptibles de contenir deux paires de bœufs étant réduites, la SODECOTON a conçu d'encourager l'élevage des ânes. L'avantage est que ces derniers coûtent moins cher et ne sont pas voués aux spéculations comme les bœufs. D'autre part les ânes sont rustiques.

Cependant, les activités relatives aux vivres et à l'élevage de la

Tableau 13

Région	Labouré	Canadien	Hersé	Semé	Fumé	Herbicide
Centre	113	5	117	149	149	137

Tableau 14 (14)

Région	Semé	Labouré	Fumé	Herbicide
Centre	276	242	276	90

(14) Source des deux tableaux : MOTAZE (A), *Saisie des mécanismes de fonctionnement socio-économique des lamidats de Guider et de Mora (rapport de mission)*, avril 1984, 14 p. dactylo.

part de la SODECOTON répondent à un seul idéal : le marché à plus de bénéfice. L'intensification de la culture arachidière et du maïs, l'encouragement de l'élevage des ânes ne profitent nullement au paysan. Le maïs et les arachides sont vendus à l'Office céréalier qui revend plus cher au paysan. L'élevage des ânes n'est qu'une rationalisation de la culture attelée pour plus de rendement au coton. L'on remarque l'absence de l'encadrement des sorghos. Si quelques semis en ligne sont actuellement observables au niveau du muskwari, les produits tels que l'engrais ne sont jamais conçus pour lui. Au fond, la SODECOTON ne s'occupe que de ce qui lui est profitable. Comme le dit J.-M. Ela :

> « au Nord Cameroun, la SODECOTON prend en charge le développement agricole dans le cadre du Projet Centre-Nord financé par la Banque Mondiale. Or, le but de l'opération c'est l'approvisionnement de la France en matières premières. Les 60 000 ha cultivés répondent à ce besoin extérieur (15). »

Au fait, en regardant de plus près, la SODECOTON n'est que le prolongement d'une pléiade administrative dans les villages. Son souci premier, c'est enrôler le monde paysan, extravertir sa production agro-pastorale. D'après ce que nous avons vu plus haut à propos de la culture attelée, de la terre et des forfaits coton, la SODECOTON apparaît plus comme une entreprise d'investissement en milieu rural ayant pour idée fixe : se faire davantage de profit.

Les structures mêmes de la SODECOTON la coupent systématiquement du monde rural. Une pléthore d'administrateurs supervisant les moniteurs agricoles et les paysans se trouve ainsi installée dans les grandes villes du Nord Cameroun en rupture avec le monde rural dont elle se doit de promouvoir le développement. Le développement rural se trouve ainsi géré sur du papier par une clique d'administrateurs dont les quelques agents qui se présentent dans les villages le font plus « comme une présence de l'État que comme promoteur d'activités collectives » (16). Les structures administratives de la SODECOTON ne permettent effectivement pas à cette dernière de comprendre les contraintes profondes auxquelles les paysans sont confrontés dans le nord du Cameroun. Elles ne se bornent qu'aux fins d'administrer les ruraux pour des besoins extérieurs et non pour leurs propres besoins. Ici les

(15) Ela J.-M., *L'Afrique des villages*, *op. cit.*, p. 60.

(16) Bugnicourt J., *Quelques mécanismes des disparités internes du développement national en Afrique*, Dakar, 1971, 430 p., p. 162.

techniciens pour un développement des vivres (sorghos en l'occurrence) sont inexistants. Ceux-là mêmes qui s'occupent du coton n'apparaissent qu'en début de campagne. Comment, pendant la soudure, identifier alors les problèmes réels des paysans, résorbables en période de campagne ? Comment aider les paysans à la préparation des sols en termes agronomiques pour les cultures vivrières ? Comment une société de développement créant les inégalités sociales en milieu rural peut-elle prétendre lutter pour le mieux-être de tous ?

Au cours de nos enquêtes, le gouvernement camerounais avait décidé de limiter l'exode rural. Par ses ministères appropriés (Plan et Agriculture), il remit la responsabilité à la SODECOTON d'occuper les jeunes à des activités agro-pastorales. Cette opération est aussitôt amorcée sous l'appellation de « Jeunes Agriculteurs ». Durant la campagne agricole 82-83, le nombre de jeunes agriculteurs encadrés par la SODECOTON a atteint 770. Ces jeunes travaillent sur des étendues de coton, maïs, arachides, sorgho, karaal. Or, d'après ce qui est dit plus haut, les jeunes agriculteurs ne sont qu'une main-d'œuvre pour la SODECOTON. Au lieu de mettre leur force de travail en activité pour leurs petits métiers en ville, par le canal de la société de développement, ils se mettent quasiment au service de l'administration. Les taux de réalisation du programme agricole par ces jeunes ont été de 80% pour le coton, 46% pour le maïs, 69% pour l'arachide et 72% pour les sorghos. En effet, l'opération des jeunes agriculteurs n'est qu'une façon voilée par l'administration camerounaise et la SODECOTON de stabiliser une force de travail qui ne leur coûte absolument rien. Pendant la soudure, l'opération n'existe plus, elle attend et reprend avec les débuts de campagne. Les jeunes agriculteurs constituent ici des manœuvres agricoles entreposés dans les lamidats en attendant les pluies pour les premiers semis. Comme a dit une fois de plus J.-M. Ela :

> « L'étude sommaire des groupes sociaux de la région révèle donc l'existence des catégories sociales formées par un grand groupe d'intérêt (SODECOTON), les gros commerçants, les cadres de l'administration et les chefferies traditionnelles (17). »

Concernant le Cameroun, l'ensemble d'éléments constituant le problème essentiel du développement rural mérite la prise en

(17) Ela J.-M., *Structures sociales traditionnelles et changements économiques chez les montagnards du Nord Cameroun (l'exemple de Tokombéré)*, th. 3ᵉ cycle, Paris Sorb., 1978, 357 p. , p. 264.

compte de sa politique agricole qui s'inscrit de façon générale dans les politiques du capitalisme d'État libéral. Or, nous venons d'exposer les interactions régissant les acteurs sociaux du développement rural, l'aristocratie lamidale et les paysans pour les acteurs sociaux lamidaux, la classe dirigeante, à travers ses organismes d'intervention en milieu rural — Office céréalier, SODECOTON — pour les acteurs sociaux extra-lamidaux.

Nous sommes d'abord parti par là parce que nous avons dit que la problématique du développement rural se pose au niveau interactionnel des acteurs sociaux de ce dernier. Dans le nord du Cameroun, elle n'est autre que la prise en compte de l'action sociale des divers acteurs qui y interfèrent. Cette action sociale sera analysée plus loin partant des interactions déjà décrites. Car il faut actuellement revenir sur la politique agricole du Cameroun qui nous permettra de saisir l'impact de la société internationale et de voir aussi ses interactions avec les autres acteurs sociaux du développement rural déjà évoqués.

V — LA POLITIQUE AGRICOLE DU CAMEROUN OU LE FONDEMENT DU DÉVELOPPEMENT RURAL À SENS UNIQUE

La politique agricole du Cameroun a fait récemment l'objet d'une thèse soutenue à l'université de Yaoundé (18). Cette thèse se caractérise non seulement par un confinage au niveau du discours officiel, mais aussi par un manque de confrontation entre ce discours officiel et la pratique. Ceci la condamne à la superficialité.

Comme nous l'avons noté, la politique agricole du Cameroun entre dans les politiques du capitalisme d'État libéral, fondées sur la révolution verte, le développement auto centré et le libéralisme planifié. Si la notion de révolution verte implique la mise d'un grand accent sur l'agriculture, celle de développement autocentré telle que conçue par Samir Amin perd ici tout son contenu. Le libéralisme planifié est problématique : l'on se demande comment il peut contribuer au développement des communautés villageoises alors qu'il est plus tourné vers les investissements étran-

(18) Obam Mbom S., *La politique agricole du Cameroun*, thèse de 3ᵉ cycle, Université de Yaoundé, 1982, 543 p.

gers. Pour s'en rendre compte, un coup d'œil sur les problèmes de la planification est convaincant (19).

En comparant les pourcentages de financement des 3e, 4e et 5e plans d'origine interne et externe, les statistiques sont éloquentes. Le 3e plan a eu un total de fonds de l'ordre de 34,6% de financement interne, le 4e, 28,9% tandis que le total des fonds extérieurs d'origine étrangère s'est élevé à 41,1% pour le 3e plan et à 38,2% pour le 4e plan. S'agissant du 5e plan, le financement du secteur agricole configure ceci dans le nord du Cameroun.

Province du Nord

Financements d'origine extérieure : 45 700 000 F CFA
Financements d'origine intérieure : 26 150 000 F CFA

Projet Centre-Nord

Fonds d'origine extérieure : 8 500 000 F CFA
Fonds d'origine intérieure : 5 000 000 F CFA (20).

Il apparaît nettement que les coûts d'origine étrangère sont plus élevés que ceux d'origine interne. Ce déséquilibre se traduit également au niveau des intérêts relatifs aux nationaux, notamment les paysans, dans la politique agricole camerounaise. Plus l'étranger investit, plus les matières premières y sont tournées. Si le coton introduit au grand jour la prédominance du mode de production capitaliste, c'est parce qu'il est essentiellement extraverti. Toute la production est vouée au Centre et les revenus paysans ne sont guère substantiels. De 1966 à 1978, le prix d'achat au producteur pour le coton trié ou non trié n'atteint pas 60 F CFA. Actuellement, il atteint 117 F CFA (coton trié). La partie économique de notre équipe de recherche a relevé les revenus suivants dans la plaine du Diamaré au niveau des lamidats de Bogo, Balaza-Lawane, Godola (tableau 15).

(19) Voir à ce propos : Bonal A., « Remarques sur la planification camerounaise », *Revue française d'études politiques africaines*, n° 140-141, 1977, pp. 66-78, p. 66.

(20) Voir « Politique du développement rural du 5e plan », in *Ve Plan*, tome II, Direction de la Planification, Yaoundé 1981, pp. 135-402, p. 310 et suivantes ; pour le IVe Plan, concernant les autres cultures de rente au Cameroun, voir Bessis S., *L'arme alimentaire*, Maspéro, Paris, 1982, 342 p., pp. 46-49.

Tableau 15
Revenus cotonniers 1981-1982

	BOGO		BALAZA-LAWANE		GODOLA	
Rendement (t/ha) F. et NF.	1,0	0,8	0,5	0,5	0,5	1,1
Prix CFA/kg	90	90	90	90	90	90
Valeur à la production en F CFA	87,4	71,8	41,6	41,1	44,6	95,9
Coûts variables semences	-	-	-	-	-	-
Fertilisants	20,0	20,0	20,0	20,0	20,0	20,0
Main-d'oeuvre extérieure	15,5	4,5	20,7	8,7	7,8	3,6
Location de la terre	0,1	2,3	-		-	
Traction animale	10,3	5,4	4,9	0,5	5,2	5,2
Revenus nets/ha CFA	41,5	39,6	4,0	11,9	11,7	67,2
Besoins en main-d'oeuvre familiale /jour	152	201	93	166	30	80
Salariée	75	2	22	12	34	9
Entraide	12	19	5	5	7	14
Total	239	222	120	183	74	103
Revenus nets/jour de travail	174	178	-33	65	165	652
Revenus nets/jour de travail familial	273	197	-43	72	390	840

Comme on peut aisément le constater, les revenus cotonniers sont ici très faibles pour le producteur et donc excessivement rentables pour les non producteurs ; la plus grande bénéficiaire est la société internationale.

Dans une région où 92% de la population sont des paysans, les fluctuations relatives au prix au producteur du coton ne permettent nullement d'affronter l'inflation galopante et la détérioration des termes de l'échange en milieu paysan (21). Ainsi la plus grande part des bénéfices cotonniers est déversée à la société internationale qui, par les mécanismes de la fixation des prix du coton au marché mondial, influence le monde rural. Ici, la société internationale passe pour un des grands acteurs du développement rural. L'évolution des tonnages égrenés, c'est-à-dire écoulés au marché mondial est passée de 36,10 % à 42,45 % dans notre zone d'enquête entre 1962 et 1983 (tableau n° 16).

Une telle évolution des tonnages montre un développement rural à sens unique. Elle montre que les structures d'exportation dans leur ensemble sont dominées non plus par l'échange inégal, mais par la dépendance des paysanneries à l'économie du Centre. Cette dépendance se perçoit ici au niveau même de la planification où les financements extérieurs issus du FAC, FED, USAID, Banque Mondiale, CEE, BIRD, etc. représentent le pourcentage le plus élevé.

En profondeur, nous retrouvons dans la politique agricole camerounaise une pratique maintenant « l'économie de traite », car

> « ce terme désignant, à la fois, une forme particulière d'échange, les instruments — hommes, entreprises, transports, assurant le drainage des produits et les rapports de production ainsi institués (22) »

consacre l'écoulement des matières premières (ici le coton) vers la société internationale. Le développement rural à sens unique se matérialise dans le nord du Cameroun par le fait que :

1) tout encadrement agricole se fait surtout au bénéfice du coton : ce qui introduit une monoculture voilée ;

(21) Sur la détérioration des termes de l'échange en milieu rural, voir : Lakroum M., *Le travail inégal, paysans et salariés sénégalais devant la crise des années 30*, L'Harmattan, Paris, 1982, 183 p.

(22) Lakroum M., *op. cit.*, p. 68.

Tableau 16
Évolution des tonnages égrenés par usine

Usine de Kaélé

Campagne	Tonnage égrené	Rendement égrenage %
1962/1963	27 557	36,10
1963/1964	25 401	36,06
1964/1965	21 524	36,84
1965/1966	23 706	36,89
1966/1967	20 681	37,21
1967/1968	22 204	37,22
1968/1969	27 421	37,33
1969/1970	30 888	37,82
1970/1971	15 410	36,34
1971/1972	14 577	37,26
1972/1973	12 860	36,85
1973/1974	10 608	36,74
1974/1975	7 356	37,26
1975/1976	9 152	39,17
1976/1977	10 254	36,80
1977/1978	10 473	36,76
1978/1979	18 775	37,57
1979/1980	18 749	36,86
1980/1981	21 041	36,69
1981/1982	17 967	36,94
1982/1983	15 052	38,15

Usine de Maroua

Campagne	Tonnage égrenagé	Rendement égrenage %
1963/1964	5 271	35,61
1964/1965	9 328	35,89
1965/1966	16 375	36,61
1966/1967	16 896	37,14
1967/1968	8 910	37,94
1968/1969	19 526	37,20
1969/1970	32 029	37,59
1970/1971	9 568	36,54
1971/1972	15 265	36,76
1972/1973	13 075	36,30
1973/1974	6 659	36,25
1974/1975	10 875	37,13
1975/1976	12 488	37,83
1976/1977	15 463	37,94
1977/1978	12 662	36,83
1978/1979	17 375	38,47
1979/1980	24 105	37,55
1980/1981	22 590	37,12
1981/1982	22 406	36,80
1982/1983	1 722	37,40

Usine de Guider

Campagne	Tonnage égrené	Rendement égrenage %
1972/1973	6 565	37,17
1973/1974	-	-
1974/1975	6 504	37,65
1975/1976	6 610	39,33
1976/1977	8 688	38,15
1977/1978	3 618	36,64
1978/1979	6 038	38,94
1979/1980	12 340	37,96
1980/1981	12 266	37,95
1981/1982	12 197	38,36
1982/1983	9 692	38,95

Usine de Mora

(Mayo Galke)

Campagne	Tonnage égrené	Rendement égrenage %
1961/1962	3 391	34,64
1962/1963	7 034	36,71
1963/1964	7 685	36,21
1964/1965	5 698	36,24
1965/1966	8 805	36,88
1966/1967	7 966	37,17
1967/1968	8 458	36,37
1968/1969	7 968	36,24
1969/1970	11 571	36,46
1970/1971	6 584	36,43
1971/1972	4 398	35,43
1972/1973	3 716	35,84
1973/1974	-	-
1974/1975	2 078	36,21
1975/1976	3 712	37,35
1979/1980	5 683	40,48
1980/1981	8 573	42,45
1981/1982	6 600	42,04
1982/1983	6 667	41,69

2) les usines d'égrenage ne produisent que pour la métropole ;
3) cette production est fondée essentiellement sur le surplus paysan.

Nous avons vu les revenus cotonniers quotidiens dans certains lamidats.

Même au terme d'une campagne entière, notre équipe économique a souligné « des revenus désespérément bas du travail pour la culture du coton (même lors de meilleures années) » (23). Ainsi, la politique agricole camerounaise fondée sur le libéralisme planifié a institué un développement rural du dehors pour le dehors. L'effet de retour des matières exportées se produit sous forme d'importation des produits manufacturés dont l'accès est difficile au paysan au vu des revenus cotonniers extrêmement bas.

Pourtant, la SODECOTON produit de l'huile Diamaor et procède sur place à ses ventes. La production au 30 juin 1983 a été de 4 057 810 litres. Mais une bouteille d'huile, taxée à 500 F CFA semble onéreuse pour des paysans dont le revenu par jour relatif à la culture de rente se situe entre 6 F CFA, 175 F CFA et 508 F CFA comme on peut le déceler au tableau 15. La SODECOTON vend également des fibres. Durant la campagne 81/82, elle en a produit 31 710 tonnes et vendu 5 540 tonnes au prix moyen CFA de 468 450 F à l'intérieur du Cameroun et plus particulièrement à une société d'État (CICAM). Mais sa diversité de clients extérieurs a entraîné aux ventes export 25 548 tonnes au même prix CFA. La plus grande partie se verse ainsi à l'exportation comme le montre le tableau n° 17.

Ainsi, de 81 à 83, 52 285 tonnes de fibres sont écoulées vers la société internationale. Évidemment, l'exiguïté du marché intérieur camerounais peut être considérée comme l'une des causes de ces exportations, mais aussi, qu'on n'oublie pas un seul instant que le développement rural encadré par la SODECOTON est tourné du dehors pour le dehors en matière de cultures d'exportation. Et surtout que les 5 540 tonnes de fibres vendues au niveau interne à la CICAM ne sont nullement à la portée du petit paysan pour qui le coupon d'un tissu peut représenter en termes de coût tout son avoir

(23) Salinger L., *Les systèmes de culture au Nord Cameroun (répartition des ressources à l'échelon familial et villageois chez les agriculteurs du département du Diamaré)*, DGRST, ISH, CRED, juin 1982, 59 p., p. 45.

Tableau 17
Répartition des ventes par pays importateur

	CAMPAGNE 81/82	CAMPAGNE 82/83
CEE		
France	6 351	5 443
Belgique	–	200
Allemagne	2 768	2 555
Angleterre	130	120
Italie	458	342
EUROPE HORS CEE		
Autriche	518	100
Suisse	195	–
EXTREME-ORIENT		
Taïwan	6 931	4 338
Japon	1 785	2 550
Hong Kong	300	200
Malaisie	300	–
Thaïlande	150	100
MAGHREB		
Maroc	1 230	100
Tunisie	–	950
DIVERS		
Nigeria	4 432	424
Total	31 088	21 197

financier au terme d'une campagne agricole. Ici se matérialise donc plus nettement le développement rural à sens unique que régit l'orientation de la politique agricole libérale du Cameroun dans le nord du pays. Le libéralisme planifié plus tourné vers l'extérieur ne prend résolument pas en compte les communautés villageoises dans leur globalité en termes de développement.

Tout se passe comme si sous cette orientation idéologique où se greffe le développement rural, la tendance était plus poussée vers le développement des privilèges de certains acteurs sociaux. Et notamment les laamibé et autres chefs traditionnels, la classe dirigeante et les grands industriels de la société internationale, de par les contradictions qui régissent leurs relations avec les paysans-sujets, passent pour les composantes essentielles de la problématique du développement rural dans le nord du Cameroun.

Contrairement au discours officiel qui a toujours déploré la paresse des paysans, contrairement à l'explication des experts qui a toujours attribué l'échec du développement rural au Cameroun à l'unique cause d'une administration des projets frisant le mimétisme de l'administration urbaine, corrompue, absentéiste, félone, contrairement à la thèse climatologique qui a toujours vu le sous-développement rural dans le Sahel à travers les sécheresses, la problématique du développement rural se trouve ici dans les rapports sociaux des acteurs de ce dernier.

En effet, la politique de développement rural du 5e plan inscrit sept objectifs prioritaires dans son programme d'action :

1) établir de nouvelles relations entre l'administration et les paysans ;
2) confier la responsabilité du développement de chaque grande zone agricole à une structure dotée de l'autonomie administrative et financière ;
3) améliorer sensiblement les conditions de vie en milieu rural ;
4) déterminer la politique des prix agricoles non seulement en fonction de l'intérêt de la collectivité nationale et de celui des consommateurs urbains mais aussi en fonction d'une politique des revenus des agriculteurs ;
5) réorganiser la formation des agriculteurs pour la simplifier et la rendre efficace ;
6) accorder la plus haute priorité à l'accroissement de la productivité de l'appareil de production agricole ;

7) accorder la priorité à la maîtrise de la production, de sa transformation et de sa commercialisation (24).

Une seule question se pose pour nous en vue de la réalisation de ces objectifs : comment un développement rural structuré à sens unique peut-il atteindre des buts aussi révolutionnaires dans le cadre d'un libéralisme planifié plus favorable à l'entreprise étrangère ?

Dans la mesure même où la SODECOTON ressource encore à la CFDT (Compagnie française du Développement des fibres Textiles) en termes de cadres, les intérêts paysans ne seront que bafoués. Jusqu'à présent ni l'Office céréalier, ni la SODECOTON n'entreprennent de campagnes d'éducation pour les paysans. Tout se passe comme si la meilleure stratégie consistait à entretenir ces derniers dans l'ignorance la plus obscure. Or, aucun développement rural authentique ne peut se réaliser ici tant que les masses paysannes n'ont pas encore pris conscience de la lutte qu'elles doivent mener contre les acteurs sociaux dominants, tant que ces derniers continueront à les réduire à des laissés-pour-compte. L'animation rurale est ignorée de toutes les structures des deux sociétés de développement déjà examinées. Toute production, toute réalisation de profit semblent passer par le maintien du paysan dans l'inconscience la plus abjecte, la plus totale.

Le développement rural est une action sociale ; et une action sociale implique des acteurs conscients pour sa réalisation ; si cette conscience est l'apanage de certaines catégories d'acteurs, le rapport de forces est nécessairement déséquilibré.

Culture attelée ou modernisation agricole, innovation technologique en milieu rural passent dès lors pour des phénomènes contribuant à l'aliénation des paysans, au développement de leur sous-développement. Plutôt que le développement, la rationalité technique amenée en milieu paysan canalise une situation conflictuelle entre les agriculteurs eux-mêmes et les acteurs sociaux dominants. Le monde rural perd du même coup une vision idyllique, homogène, il se transforme alors en zone de cristallisation de tensions exacerbées qui, tout en étant régulées par un groupe relais (les laamibé), ont tout de même des impacts non négligeables au niveau de la société globale. Quelques-uns de ces impacts sont matérialisés par la marginalisation dont le corollaire

(24) Ve Plan, *op. cit.*, pp. 161-171.

est la prolétarisation (séparation du petit producteur d'avec ses moyens de production) du monde paysan.

Le paysan du Nord Cameroun, à l'observer physiquement, semble constituer ainsi un syncrétisme de misères dont l'accumulation date des périodes les plus reculées de son histoire ; c'est-à-dire des disettes, des dominations, des dépendances. Dans la mesure où les projets de développement rural se caractérisent plus par l'asservissement d'une certaine catégorie d'acteurs, le développement rural semble revêtir les formes nouvelles d'une exploitation plus raffinée mais aussi plus systématique de ceux-là mêmes que l'on prétend « développer ». Le développement rural paraît en filigrane comme une idéologie mystificatrice qui masque les nouvelles dominations paysannes : la notion chaque fois utilisée à travers les discours officiels devient en soi problématique. En dernière analyse, elle renvoie en fait aux multiples contradictions inhérentes actuellement, entre les acteurs sociaux qu'elle régit, à la nature même de la formation sociale lamidale, aux nouvelles stratifications qu'elle suscite dans les milieux ruraux.

CHAPITRE IV

Les stratifications sociales en milieu rural dans le nord du Cameroun

Les stratifications sociales comme la problématique du développement rural sont ici liées aux interrelations entre les acteurs du milieu rural. Elles ont fait l'objet de plusieurs études sociologiques. G.-P. Murdock les lie à des « sociétés où apparaissent des groupes essentiellement distincts et inégaux en raison de leur différence (1) ». Cette vision met l'accent sur des groupes contradictoires puisque déjà régis par des inégalités. Du même coup ces groupes se situent différemment entre eux. Mais l'on ne sait pas par rapport à quoi ils se situent différemment et ce qui consacre leurs inégalités. Sont-elles produites par des rapports sociaux ?

Roger Bastide a également réfléchi sur les problèmes de stratifications sociales. Pour cet auteur, celles-ci sont en rapport avec le pouvoir politique, il n'y a « pas de société sans pouvoir politique, pas de pouvoir sans hiérarchie et sans rapports inégaux instaurés entre les individus et les groupes sociaux (2) » ; la notion de rapports contradictoires revient, mais c'est la politique qui instaure l'asymétrie de ces rapports. Au niveau donc des stratifications sociales, la politique serait ainsi l'élément le plus déterminant.

(1) Cité par Balandier G., *Anthropologie politique*, PUF, Paris, 1978, 240 p., p. 99.

(2) Bastide R., *Les formes élémentaires de la lutte des classes*, cité par Balandier G., *op. cit.*, p. 93.

Organisant toute la société autour d'elle, elle consacrerait des privilèges à certaines catégories sociales.

Cette thèse est corroborée par Balandier qui lie le dynamisme des castes aux dynamismes politiques (3). Balandier, en général, a toujours accordé une place de choix à l'instance politique dans les formations sociales africaines. Aussi, pour lui, toutes les stratifications sociales en Afrique se trouvent-elles nécessairement en rapport avec le politique (4).

> « Le pouvoir politique, dit-il, organise la domination légitime et la subordination et crée une hiérarchie qui lui est propre. C'est surtout une inégalité plus fondamentale qu'il exprime "officiellement" : celle que la stratification sociale et le système des classes sociales établissent entre les individus et les groupes (5). »

La stratification serait donc le produit d'une organisation politique, ses retombées sociologiques dans la société globale. La stratification apparaît comme la conséquence du pouvoir politique dans la société. On comprend que l'accès au pouvoir et l'organisation de ce dernier constituent la problématique de la stratification sociale.

La question que l'on peut se poser est celle de savoir si le pouvoir politique seul en tant qu'exercice légitime de la loi par un individu ou un groupe d'individus est aussi déterminant pour les stratifications sociales dans certaines formations sociales. Si le pouvoir politique dans ce genre de société est plus fonction de logiques spécifiques, peut-il être le seul déterminant à induire des stratifications sociales ? Nous pensons que Balandier a finalement abandonné cette thèse lorsque, présentant son ouvrage *Anthropo-Logiques*, il dit qu'il est une « tentative d'identification des logiques à l'œuvre dans toutes les sociétés impliquées jusqu'à présent par toute vie sociale, et qui pour cela même doivent être reconnues comme des anthropo-logiques (6) ». Car, dans certaines sociétés,

(3) Balandier G., *op. cit.*, p. 101.

(4) On pourra se reporter également à son étude : « Problématique des classes sociales en Afrique », *Cahiers Intern. de sociologie*, vol. XXXVII, 1965, pp. 131-142, où il conclut que « c'est l'accès au pouvoir et les luttes autour de celui-ci qui contribuent à la formation de la seule classe bien constituée, la classe dirigeante » en Afrique ; voir aussi : *Sens et puissance*, PUF, Paris, 1981, 334 p., p. 286.

(5) Balandier G., *Anthropologie...*, *op. cit.*, p. 92.

(6) Balandier G., *Anthropo-Logiques*, PUF, Paris, 1974, 278 p., p. 10.

la hiérarchie sociale n'est pas nécessairement fonction du pouvoir politique ; le pouvoir religieux peut aussi être à l'origine des stratifications sociales (7). Le pouvoir religieux peut précéder le pouvoir politique, il entraîne souvent une domination idéologique ou idéologico-politique de sorte qu'il n'est pas prudent de considérer le politique comme seul élément déterminant des stratifications. Tel est d'ailleurs le cas que nous examinerons avec le système lamidal.

D'autre part, si l'on part du principe selon lequel toute stratification sociale peut impliquer un système de classes sociales, l'économique sera ici fondamental dans la constitution des oppositions d'intérêts, des contradictions entre les individus et les rapports de production qui les régissent. Dès lors, c'est seule l'accumulation des biens, compte tenu de la position des individus dans les rapports de production, qui consacrera l'importance, la distinction entre les groupes. Or, pour Balandier, l'application du concept de stratification est réservée aux sociétés

> « qui satisfont au moins à deux conditions :
>
> 1) les inégalités dominantes se formulent à partir de critères autres que ceux d'âge et de sexe, de parenté et de descendance ;
>
> 2) les coupures qui s'établissent entre groupes hiérarchiques sont tracées à l'échelle de la société globale ou de l'unité politique nationale (8) ».

Les conditions évoquées ici par Balandier excluent d'emblée, sinon a priori, les stratifications sociales dans certaines sociétés africaines. Ceci préjuge des situations réelles connues pourtant par plusieurs d'entre elles. A partir du moment où il ne faut pas tenir compte des critères relatifs à l'âge, au sexe, à la parenté, etc. et quand il faut seulement tenir compte des coupures s'établissant à l'échelle de la société globale ou de l'unité politique, les stratifications qui peuvent constituer l'indice d'évaluation des oppositions potentielles dans certains groupes d'hommes ne seront nullement perçues. Notamment dans la plupart des formations sociales actuelles, en Afrique, on ne pourrait pas parler d'elles.

Si la position de Balandier reste attachée aux conditions évo-

(7) On pourra se reporter ici à Copans J., *Stratification sociale et organisation du travail agricole dans les villages wolof mourides du Sénégal*, Thèse de 3e cycle, EPHE, Paris, 1973, 2 vol., 370 p. multigr.

(8) Balandier G., *Anthropologie politique*, *op. cit.*, p. 102 et suiv.

quées, elle est alors opposée à celle de J. Cazeneuve (9). L'essai de ce dernier est d'un intérêt capital dans la mesure où il passe en revue les théories les plus connues aujourd'hui de la stratification. Après avoir analysé les théories du conflit, il analyse les approches fonctionnalistes. Il examine les types de stratification aussi bien dans les sociétés occidentales et socialistes dites modernes que dans celles du Tiers-Monde.

En conclusion, comme au début, l'auteur dit ceci en citant Sorokin : « On peut affirmer que depuis les origines jusqu'à nos jours aucune société humaine n'est exempte de stratification (10). »

En effet, Cazeneuve reconnaît, comme implications de la stratification, les hiérachies sociales, fondements des inégalités :

> « on sait que, dit-il, des individus ne peuvent pas être identiques les uns aux autres, puisqu'ils peuvent être beaux ou laids, forts ou chétifs, sains ou malades, jeunes ou vieux. Mais quand on parle des hiérarchies sociales, il s'agit des inégalités qu'on peut imputer directement à la société (11) ».

Le principe des hiérarchies avec les inégalités qu'elles imputent est donc reconnu. Mais les critères qui fondent celles-ci ne sont pas encore évidents. Mais ils y sont tout de même décelables. Citant de nouveau Sorokin, Cazeneuve nous permet de les extraire :

> « la stratification sociale consiste dans une inégale distribution des droits et privilèges, devoirs et responsabilités, gratifications et privations, pouvoir social et influences parmi les membres d'une société (12). »

Cette définition présume déjà des critères ou des conditions de stratification. Les notions de droits, privilèges, devoirs, responsabilités, gratifications, privations, pouvoir social, influence qu'elle introduit ne réduisent pas les conditions de stratification au seul pouvoir politique. Les conditions mêmes que Balandier exclut peuvent y être répertoriées. A travers la notion de droit, les critères d'âge et de sexe peuvent être pris en compte en se référant au droit coutumier de certaines sociétés africaines. Le pouvoir social bien

(9) Cazeneuve J., *Dix grandes notions de la sociologie*, Seuil, Paris, 1976, 245 p. Notamment : pp. 148-198.

(10) Sorokin, *Social and cultural mobility*, Free Press, 1959, p. 11, *in* Cazeneuve J., op. cit. p. 151.

(11) Cazeneuve J., *op. cit.*, p. 196.

(12) Cazeneuve J., *op. cit.*, p. 198 et suivantes.

qu'il implique le pouvoir politique suppose bien d'autres formes de pouvoir telles que le religieux. Et partant de la stratification dans les sociétés dites archaïques assimilables aux sociétés pré-capitalistes africaines, Cazeneuve met un accent considérable sur les ordres sociaux issus de la religion. De même, le pouvoir social peut bien être issu de la parenté que nous avons présentée comme forme de rapports de production et dont le rapport avec l'économique est manifeste. Pour revenir au droit et aux privilèges, certaines sociétés du Tiers-Monde déterminées les attribuent aux hommes, donc au sexe masculin (13). Ceci consacre également que la stratification, contrairement à ce que dit Balandier, ne peut pas s'entendre qu'en termes de pouvoir politique et au niveau national ; puisque, selon notre présentation des acteurs sociaux du développement rural, nous la voyons déjà à travers certains clivages au sein des saaré. Certains membres y ont déjà une certaine influence qui leur permet de se situer au-dessus des autres comme le chef de saaré ; or, si la famille est le point de départ de toute société humaine, le saaré n'est pas moins une société. Les stratifications ne peuvent ainsi s'entendre que selon des contextes spécifiques.

C'est en ce sens que Abdoulayé Bara Diop étudiant les castes dans la société wolof aborde le problème des stratifications (14). Celles-ci paraissent sous la parenté, l'alliance, l'âge, le sexe, donc reposent sur des facteurs biologiques dominants. Les castes qui se fondent essentiellement sur l'hérédité et l'endogamie « sont un type de stratification sociale spécifique (15) ». Des indologues tels que L. Dumont, E.-R. Leach, J.-H. Hutton ne se situent pas différemment de cette thèse. Et cette dernière elle-même découle des observations de terrain dans les sociétés du Tiers-Monde.

En effet, l'examen des différentes positions prises sur les stratifications sociales par des auteurs suscités permet d'affirmer une réalité : les systèmes d'inégalités et de dominations impliquent les stratifications sociales et réciproquement. Ces dernières à leur tour renvoient à des groupes antagonistes au sein d'une formation sociale. Or, l'anthropologie marxiste a relevé dans des sociétés dominées par la parenté, le sexe, les classes d'âge, des hiérarchies qui, même si elles ne renvoient pas à des classes sociales, configurent des contradictions ayant la même nature que celle des

(13) Voir Godelier M., *La production des grands hommes*, op. cit.

(14) Diop A.-B., *op. cit.*

(15) Diop A.-B., *op. cit.*, p. 27.

classes (16). Ceci opère une révolution épistémologique au niveau de l'anthropologie classique et de la sociologie du développement qui ne voyaient les stratifications sociales que dans les sociétés africaines dites « à l'État ». Il paraît plus nettement aujourd'hui que les sociétés considérées comme « anarchiques », segmentaires, acéphales ou lignagères, quand bien même elles seraient dépourvues d'un État, ont de façon inhérente des formes d'organisation bien structurées où non seulement la religion mais aussi les phénomènes liés à la circulation des biens, à la reproduction et à la distribution permettent de saisir des stratifications spécifiques. Les sociétés africaines précoloniales où la parenté, le sexe, les classes d'âge jouent un rôle déterminant dans les structures d'organisation ne sauraient être par conséquent sans stratification. La parenté, les alliances, etc. couvrent des réalités multidimensionnelles dans ces sociétés (17). Poser donc le problème des stratifications sociales en milieu rural dans le nord du Cameroun, c'est se proposer d'examiner la dynamique sociale au sein des ethnies animistes (Mundang, Tupuri, Guiziga, Guidar) et des ethnies musulmanes (Fulbé ou Mandara) qui nous préoccupent ici. Nous partirons pour ce faire de la période précapitaliste afin de voir les changements connus actuellement.

I — STRATIFICATIONS SOCIALES MUNDANG, TUPURI, GUIZIGA, GUIDAR DURANT LA PÉRIODE PRÉCAPITALISTE

Les Mundang, les Tupuri, les Guiziga et les Guidar constituent les populations « païennes » occupant des lamidats spécifiques dans le nord du Cameroun. Leurs stratifications sociales traditionnelles ne se ramassent pas en un tout homogène. Leurs structures sociales traditionnelles connaissent des variations et ce n'est qu'en prenant ces groupes de façon spécifique que l'on parvient à comprendre leurs différents déterminismes.

(16) Voir à propos : Bonte P., « Classes et parenté dans les sociétés segmentaires » *Dialectiques*, n° 21, Maspéro, 1977, pp. 104-115. Rey P., « Contradictions de classe dans les sociétés lignagères », *in op. cit.*, pp. 116-133, voir aussi Godelier M., *La production des grands hommes, op. cit.*

(17) Voir Needham R., *La parenté en question, (Onze contributions à la théorie anthropologique)*, Seuil, Paris, 1971, 348 p.

A) Les Mundang

Les stratifications sociales mundang impliquent l'organisation sociale qui leur est propre. Nous avons retenu à travers les théories de stratification examinées un fondement essentiel : les systèmes d'inégalités et de dominations et les groupes antagonistes auxquels ils renvoient au sein des différentes formations sociales.

Les inégalités et les dominations en milieu mundang s'originent dans la religion qui est ici déterminante. Les Mundang sont des animistes dont la vie en rapport avec les ancêtres marque fondamentalement l'existence. Le chef mundang Goué est le trait d'union entre les populations et les ancêtres. Il n'est pas un demi-dieu proprement dit, mais sa vie étant en rapport avec les ancêtres fait qu'il se trouve investi d'une autorité absolue. Il est dangereux de le contester et on ne dialogue pas avec lui. Le Goué est chef religieux ; ses rapports avec les esprits font de lui le garant de la sécurité affective de ses sujets.

Dans sa monographie, A. Adler note qu' « un clan moundang signifie toujours nivellement, égalité dans la différence, même si cette différence porte précisément la marque de l'origine royale du clan (18) ». Ceci est contradictoire dans la mesure même où la royauté mundang est sacrée et où tous les clans mundang n'ont pas un même prestige social. Certains doivent fournir des membres à la chefferie et c'est de là que partent des différenciations sociales. Ainsi pour comprendre les stratifications chez les Mundang, il est intéressant d'exposer les hiérarchies sociales inhérentes à leur système d'inégalités et de dominations. La société traditionnelle mundang recèle quatre formes de hiérarchies : les chefs traditionnels, les aînés sociaux, les guinaru, les hommes.

Les chefs traditionnels dont le Goué, chef suprême, les chefs de terre (Pasri) consultant les esprits par endroits sacrés, les chefs de village (Payéné) dont les responsabilités ont des recoupements avec le Goué veillent tous à la circoncision. Ils jouent fondamentalement le rôle de juge. La hiérarchie des chefs traditionnels comprend trois strates, les chefs de terre, les chefs de village et le Goué lui-même ; on peut toutefois ajouter les dignitaires qui entourent ce dernier.

Dans cette hiérarchie, les chefs de terre ont une grande influence auprès des populations. Distributeurs des parcelles de terrain pour

(18) Adler A., *La mort est le masque du roi (la royauté sacrée des Moundang du Tchad)*, Payot, Paris, 1982, 427 p., p. 146.

cultiver, prieurs par endroits sacrés pour de bonnes récoltes, les chefs de terre, dans la société traditionnelle, ne manquaient pas de tomber dans des abus et de verser dans la subjectivité. Les chefs de terre ne manquaient pas de procéder à des partages avantageant surtout leurs proches, à échanger sous forme de troc les parcelles dont ils étaient responsables pour le bien collectif. Ainsi naquirent les mécanismes d'une domination et d'une inégalité face à la distribution d'une propriété collective. Les chefs de terre, comme le Goué, ne faisaient l'objet d'aucune contestation : ils étaient l'incarnation des esprits dont ils se rapprochaient régulièrement par des prières. En effet, toute la chefferie auréolée par des colorations et des représentations religieuses se posa en véritable hiérarchie dominant toute la société. Au niveau même de cette hiérarchie apparaissent clairement les ordres sociaux ou castes représentés par les chefs religieux.

• *Les aînés sociaux :* ceux-ci constituent également une hiérarchie sociale. Les aînés sociaux sont des grands chefs de lignage ou de clan. Ils sont les composantes des circuits par lesquels se font la reproduction, la redistribution, la circulation des biens domestiques ou de consommation. Les aînés ont un rang social qui attire sur eux respect, privilèges sociaux au sein des assemblées ; ils ont un droit d'aînesse sur les cadets qui leur doivent un respect, une soumission inconditionnels.

• *Les soldats secrets (guinaru) :* ils sont rattachés directement aux chefs par des sociétés secrètes. Les guinaru, essentiellement masqués, sont des fidèles aux chefs dont ils font respecter les ordres auprès des populations. Les guinaru appartiennent à l'appareil répressif du royaume mundang.

• *Le sexe masculin ou les hommes :* les hommes représentent effectivement une hiérarchie ici quand il faut dire qu'ils se trouvent dans tous les leviers de la société en position de force par rapport aux femmes. A partir du moment où l'homme peut se faire polygame en épousant autant de femmes qu'il veut, la domination masculine se matérialise de façon patente. Certaines activités comme la chasse ne sont pratiquées que par les hommes.

En effet, la stratification ici est plus ou moins élémentaire, voire embryonnaire ; cependant,ce qui importe n'est pas que ces différents groupes soient engagés dans des conflits frontaux mais que leurs structures sociales recèlent potentiellement des points favorables à des clivages sociaux plus profonds dans leur processus de changement comme on le verra plus loin. Ceci nous paraît essentiel dans l'étude des formations sociales africaines en gestation. Et Balandier a vu cette réalité profonde quand il dit que

> « toute mutation en voie de se faire reste pendant une période de durée variable masquée ; elle est d'abord noyée dans les configurations latentes dont toute société est porteuse... Les processus de mutation sociale ne sont pas "donnés" d'une manière directe au sociologue, ils ont une existence "souterraine" avant de devenir manifestes et de provoquer les transformations dont ils sont les agents (19) ».

C'est à ce titre que les stratifications sociales précapitalistes nous intéressent. Elles ont existé et, dans leur existence, elles ont amené certaines formes d'inégalité et de domination dans des sociétés que l'on croyait paisibles et harmonieuses. Les survivances de ces formes de stratification restent encore perceptibles aujourd'hui (nous reviendrons là-dessus). Mais ces formes non prononcées d'inégalité et de domination peuvent être taxées d'élémentaires ou précoces : elles se retrouvent dans les autres ethnies « païennes ».

B) Les Tupuri

Malgré une organisation clanique lignagère, les Tupuri se réfèrent également à certains individus aux statuts sociaux entraînant leur émergence. Leur société précapitaliste renferme trois ordres de hiérarchies :

— les chefs de village *Moul Masta* ou *Wang Siri*,

— les aînés sociaux,

— les hommes.

• *Les chefs de village* n'ont sur la société qu'un droit religieux. Tout comme on l'a vu avec les Mundang, ils constituent le lien entre les individus et les ancêtres. La vie des Tupuri est marquée traditionnellement par des cérémonies religieuses et les hommes qui les dirigent ont une autorité prépondérante dans la société. Les cérémonies sacrificielles déterminent ainsi les positions hiérarchiques et certains privilèges. Pour eux, les personnages religieux

(19) Balandier G., *Sens et Puissance*, *op. cit.*, p. 85 et suivantes ; voir également Couty Ph. « Le temps, l'histoire et le planificateur », AMIRA, n° 32, juin 1981, 12 p.

se trouvent mystifiés et se voient crédités plus que les autres. Ici la religion semble aussi consacrer au départ des clivages sociaux.

• *Les aînés sociaux* ont des statuts identiques à la situation des Mundang évoquée plus haut. L'on a qu'à se référer à cette dernière pour situer les aînés en milieu tupuri.

• S'agissant *des hommes*, ils configurent une hiérarchie sociale parce que leurs rapports avec les femmes constituent surtout un processus d'affirmation sociale, de domination. Dans les zones tupuri, la femme paraît en réalité un « objet » de prestige social plus que d'alliance matrimoniale. Chez les Tupuri, les activités telles que l'élevage de grand bétail sont liées au « mariage ». Les têtes de bêtes sont demandées quantitativement par les futurs beaux-parents du gendre. Ici naît une sorte de connexion qui contribue à la formation des stratifications précoces, élémentaires. On se distinguera des autres groupes par le nombre de ses femmes, mais aussi par celui des têtes dont on dispose dans son étable. Plus on a de têtes et de femmes, plus on affirme non seulement sa richesse, mais aussi sa masculinité. La polygamie qui peut aller ici jusqu'à plus de quinze femmes contribue plus que jamais à exposer la domination masculine.

Un fait important apparaît, nous pouvons aussi le percevoir chez les Mundang, c'est que les stratifications précoces ont plusieurs origines : religieuses, purement sociales, matrimoniales, démographiques (classes d'âge).

C) Les Guiziga

Chez les Guiziga, une forte stratification semble alors se dessiner. Elle serait partie d'une guerre entre deux principaux clans : Muturwa-Bui et Muturwa-Mukura. Au terme de cette guerre, la société se serait divisée en forts compartiments :

— bui,
— massaï,
— kuli,
— mbur madedan,
— chefs de lignages, au niveau de la chefferie, puis le reste des paysans.

Ici, la religion paraît toujours à l'avant-garde de la constitution des inégalités sociales : le massaï et le kuli sont des chefs religieux, représentent les ancêtres et les esprits. Le bui qui semble être le chef détenant le pouvoir central, temporel, était lui-même contrôlé par le massaï. Le mbur madedan symbolise la participation des villageois aux affaires publiques. Le pouvoir religieux s'avère le plus prééminent. Il est détenu systématiquement par les kuley (pluriel de kuli) et le massaï ; toute la vie religieuse de la société se règle à leur niveau. On comprend dès lors qu'ils occupent une place importante dans la communauté villageoise. Ils font de la divination, prient pour faire venir la pluie. Nul ne peut semer ou récolter sans que le massaï après consultation du kuli en donne l'ordre.

En effet, c'est une structure aristocratique qui fonctionne traditionnellement chez les Guiziga. On retrouve dans les postes de commande les membres d'un même clan Muturwa-Bui. Cette aristocratie dans laquelle les éléments religieux sont déterminants insuffle dans la société une véritable stratification sociale où des groupes d'individus peuvent être résolument en lutte. Tout comme en Afrique, au Burundi, en 1960 les Bahutu ont abattu la monarchie dominante des Batusti, le clan Muturwa-Bui a ébranlé de la même manière celui de Muturwa-Mukura qui représentait même l'onction du chef. La stratification sociale chez les Guiziga semble donc se jouer au niveau des clans principaux susmentionnés. Nous voyons toujours à ce niveau comment les systèmes sociaux africains dans leur pluralisme et leur complexité s'appréhendent différemment par la sociologie.

Nous avons d'un côté le clan Muturwa-Bui, aristocratique et religieux, et, d'un autre, le clan Muturwa-Mukura, ce qui explique déjà des antagonismes renfermés par certaines stratifications sociales précapitalistes. Cependant, le clan Muturwa-Bui, vainqueur et rebelle, n'est pas resté aussi homogène traditionnellement puisque sa structure aristocratique mêlée de la religion a contribué aussi à sa hiérarchisation. Quant au clan Muturwa-Mukura, nous savons peu de choses sur lui. Après sa défaite, il serait parti au lamidat de Muturwa où nous avons eu nos informations.

D) Les Guidar

Les stratifications sociales au sein de la société Guidar précapitaliste s'affirment aussi de façon prononcée. Elles résultent, comme chez les Guiziga, d'un climat de guerre et de religion. C'est que les conquêtes musulmanes fulbé entraînent bien avant la colonisation européenne des courants migratoires qui se nouent dans les pays de Guider (20) où les Guidar se trouvent déjà avec de très légères différenciations sociales. Plus précisément, c'est la cohabitation culturelle inter-ethnique qui procède à la stratification sociale. Si, comme le dit J.-C. Guyot :

> « le processus de décolonisation crée dans les colonies multicommunautaires un climat généralisé de cohabitation conflictuelle », tel que « le phénomène de cohabitation peut y être considéré comme l'expression dialectique des deux formes limites des rapports intercommunautaires qui sont la ségrégation et l'intégration (21) »

la cohabitation conflictuelle et l'expression dialectique traduites par le phénomène de cohabitation peuvent également se trouver dans une communauté assiégée par des conquêtes interethniques qui entraînent le risque de déstabilisation des populations locales. Tel est le cas connu par les Guidar dans leur cohabitation avec les Fali, les Daba, les Goudé, les Mambay, etc. qui fuyaient les invasions fulbé.

Dans les villages guidar, la stratification très simple plaçait le chef *arnado* au sommet. Les Guidar, identiques à tous les paléonégritiques, avaient des étendues familiales patriarcales qui participaient au pouvoir du arnado. Ce dernier, chef religieux et temporel, réglait la vie sociale.

Mais les migrations des Fali, Daba, etc. qui cherchent refuge afin d'éviter l'invasion peule font agglutiner une diversité ethnique dans les villages guidar. Les Guidar, là où ils se sont bien installés contre les mêmes invasions reçoivent ces populations de dépossédés avec des attitudes dominatrices. Les Fali et les Daba font la guerre pour eux, ils perdent quasiment leur organisation de départ et s'intègrent dans les nouvelles structures sociales trouvées sur place, ceux qui ne veulent pas accepter l'ordre établi sont purement et simplement chassés des villages. Les écarts entretenus entre la tribu autochtone et les tribus migrantes se creusent. La distinction nette s'établit entre autochtones et allogènes avec particularisation de chaque groupe. Les rapports sociaux qui se tissent entre ces

(20) Voir Lestringant J., *Les pays de Guider au Cameroun, essai d'histoire régionale*, Paris, 1964, 416 p., p. 106.

(21) Guyot J.-C., *La cohabitation culturelle inter-ethnique à Alger après l'indépendance (1962-1968)*, thèse de 3e cycle en sociologie, 1968, 381 p., p. 13.

différents groupes ethniques consacrent la supériorité des Guidar sur les populations étrangères. Ainsi une stratification spécifique s'instaure chez les Guidar où eux-mêmes se retrouvent au sommet de l'échelle et les tribus migrantes au bas. Les Guidar développent à l'instar des Guiziga Muturwa-Bui une petite aristocratie tribale. Les Fali et les Daba ayant presque les mêmes croyances animistes que les Guidar se sont facilement intégrés dans la vie religieuse des autochtones qui a contribué à consolider les prééminences de leurs chefs religieux. En outre, le contact entre les Guidar et les Peul a contribué à l'inscription d'une strate, les captifs ou serfs ou encore esclaves. Durant les périodes de disettes, et pour les besoins en main-d'œuvre relative aux activités économiques, les Guidar capturaient les Fali, les vendaient à la tribu conquérante ou les échangeaient contre certains produits jugés exotiques. Toute une strate des Guidar esclavagistes émergea aussi en conséquence. Ceci contribua à une certaine dynamisation de la stratification de départ. Selon nos enquêtes, de tels phénomènes ont également été relevés chez les Mundang, avec les esclavagistes tels que Jubeiru, mais à une époque qui n'était plus entièrement précapitaliste, puisque le colonisateur européen était déjà au Nord Cameroun.

Quelques remarques s'imposent au niveau des stratifications sociales des sociétés animistes précapitalistes. Contrairement à l'idée communément admise sur le Nord Cameroun relative aux populations païennes aux structures sociales traditionnelles segmentaires, acéphales, lignagères, il s'observe bien au sein de celles-ci, des différenciations sociales. Des hiérarchies prononcées apparaissent en fait dans certaines de ces sociétés. Celles-ci ne sont pas nécessairement liées au pouvoir politique traditionnel, mais à la religion, aux rapports matrimoniaux, aux classes d'âge, au climat de guerre connu par ces populations avant la colonisation européenne. Ces stratifications, les unes précoces (Mundang, Tupuri), les autres développées (Guiziga, Guidar) sont fonction des spécificités propres à chaque groupe ethnique selon des contextes sociologiques variés. Chez toutes ces populations la religion est traditionnellement déterminante, c'est elle qui précède le pouvoir politique, c'est elle qui organise la hiérarchie en conférant non seulement plus d'influence à certains individus, mais aussi à certains groupes (clans, ethnies, etc.). Cependant, si, au sein des groupes animistes, les stratifications sociales se caractérisent par une hétéroclité, chez les Fulbé et les Mandara, le système est identique et renvoie à une forme unique de domination et d'inégalité. Pour cette raison, nous englobons ces deux ethnies dans ce que nous appelons groupes musulmans : les Mandara s'étant islamisés depuis 1715 et ayant comme les Fulbé lancé des conquêtes contre les populations animistes de Mora.

II — LA STRATIFICATION SOCIALE DES GROUPES MUSULMANS PRÉCAPITALISTES

L'islam arrive au Nord Cameroun par conquête. Les conquêtes islamiques impliquent le remplacement de l'ancien ordre (l'ordre des non musulmans) par l'organisation sociale inhérente à la sharîa du Coran.

En effet, les Peul ont amené l'islam dans le nord du Cameroun. L'organisation de toute cité islamisée ou sous influence musulmane se fait par conséquent à l'image de leur société. L'organisation sociale des Peul a fait l'objet d'une étude systématique par Marguerite Dupire (22). Parlant des fondements de leur stratification, l'auteur dit que

> « les types de relations aussi bien entre individus qu'entre lignages sont apparus asymétriques ou hiérarchisés.
> Dans sa propre génération, chaque individu est le "supérieur" de ses frères, sœurs, cousins et cousines parallèles, cadets, ainsi que des enfants de ses tantes paternelles. De même en est-il des segments du lignage et du groupe lignager. La conquête militaire et la domination incorporèrent à l'intérieur d'une organisation stratifiée des cultivateurs et des artisans, vaincus ou faibles, dont les services étaient indispensables à l'équilibre économique des pasteurs. Un système de castes artisanales s'insère à l'intérieur d'une hiérarchie d'ordres ou de catégories sociales à plusieurs degrés, opposant d'abord les hommes libres au serfs. A la catégorie des hommes libres non castés appartiennent les conquérants, aristocrates et gens du commun (23). »

Les Peul conquérants passent ainsi pour des individus dont la vie sociale ne peut se dérouler hors des fortes hiérarchies. Les stratifications peuvent avoir des colorations à tous les niveaux : classe d'âge, lignage, conquêtes militaires, rapports de production. Mais c'est une saisie de l'aspect purement temporel de l'islam peul qui permet de percevoir les stratifications dans ce cadre.

(22) Dupire M., *Organisation sociale des Peuls (étude d'ethnographie comparée)*, Plon, 1970, 624 p.

(23) Dupire M., *op. cit.*, p. 427 et suiv.

Mais dans le nord du Cameroun, l'organisation sociale peule purement traditionnelle est mal connue.

Nous pensons même que les remarques de Dupire attestent déjà une certaine évolution des structures de la société peule, évolution liée aux brassages des populations trouvées sur place durant leurs conquêtes. Car les Peul qui s'installent dans l'Adamawa et dont les ramifications vont jusqu'à Dumru, Guidiguis, Mayo-Ulo, Golombé, etc., ont eux-mêmes été influencés par des tribus soudanaises autochtones du Nord Cameroun : les Bornouan, les Haoussa, les Arabes choa ; ils copièrent leur organisation sociale parce qu'ils les considéraient au même pied d'égalité (24). Les Peul n'auraient donc connu naguère que deux grandes strates bien distinctes, les nobles et les esclaves.

Cependant, cette stratification va aller croissant avec les conquêtes en pays animiste. Cette croissance est foncièrement liée à une double affection connue par les Peul. Leurs conquêtes furent accompagnées par l'abandon de la vie pastorale et celui de la transhumance. Les deux strates naguère connues se transforment en deux castes : les hommes libres et les captifs. Comme le note J. Lestringant : « L'ethnie peule a subi une transformation radicale de structure par le seul fait de la segmentation de la société en deux classes distinctes et opposées : la classe des hommes libres et la classe des captifs (25) ». Ainsi, la classe des captifs représentant celle des esclaves dynamise la stratification sociale : elle fait émerger d'autres strates dont notamment les vassaux (26), les groupements déplacés, les esclaves *matchoubé* de l'entourage du laamido qui se subdivisent en dignitaires matchoubé, serviteurs de case, les serfs. Il y a, en plus, des esclaves ou captifs de case dont les maîtres sont des matchoubé (27).

Le laamido, chef religieux, est également chef de l'État. Il commande les fidèles, d'après le Coran ; il est à la fois *imam* et *alkali*. Le soufisme apparaissant après le mootazilisme (28) s'origine dans les confréries naissantes du Maroc dès le XVe siècle. C'est un mysticisme qui va permettre au laamido de revêtir l'image

(24) Voir Froelich J.-C., « Le commandement et l'organisation sociale chez les Foulbé de l'Adamaoua (Cameroun) », *Et. cam.* n° 45-46, 1954, pp. 3-90.

(25) Lestringant J., *op. cit.*, p. 123.

(26) Ce sont les païens Mboum, Dourou, Fali, etc., qui payaient les tributs à l'État peul.

(27) Froelich J.-C., *op. cit.*

(28) Guyot J.-C., *op. cit.*, p. 52.

d'un auréolé dont la dépendance et la soumission de ses sujets vont régler tout ordre social. La puissance du laamido, chez les Peul, ou du *tixé* chez les Mandara bénéficiant d'un aval religieux consacré par le Coran détermine dès lors toutes les strates sociales. Le lamidat se compose finalement du grand chef religieux laamido (dont la puissance idéologico-politique préside à la reproduction sociale), de ses représentants, laawan (pour les villages) djaaoro (pour les quartiers), de ses sujets, des esclaves ou vassaux qui se compartimentent aussi selon des rangs sociaux : « interrogeant le laamido de Ngaoundéré, tous les Foulbé sont des sujets et tous les païens sont ses esclaves ou ses serviteurs (plus exactement ses vassaux) (29). »

La stratification sociale chez les musulmans du Nord Cameroun configure donc des strates très fortes, hautement distinctes les unes des autres : la caste des laamibé et celle des marabouts (moodibbé) très puissante chez les Peul férobé du Diamaré, les ordres sociaux que sont les laawan, djaaoro et les membres de la cour (dignitaires) ou *fada*, les sujets qui recouvrent les islamisés fulbé, mandara, arabes choa, haoussa, bornouan ; les esclaves ou les païens dont notamment ceux du laamido, ceux des cases et le reste des serfs et captifs.

Comme souligné au départ, les groupes musulmans précapitalistes couvrent les mêmes stratifications. Que ce soit chez les Peul ou les Mandara, de fortes hiérarchies se dégagent. Elles comprennent deux groupes foncièrement distincts : les nobles et les serfs. Comme nous l'avons vu chez les Guidar, on assiste, par le phénomène de conquêtes, à la transformation de ces deux groupes dans la mesure où le second va subir un éclatement en plusieurs autres. L'intéressant à ce niveau est que des facteurs de dynamisation des stratifications existent déjà au Nord Cameroun bien avant la colonisation européenne. Ces facteurs sont tous liés aux guerres de religion, de clans, qui en ont engendré d'autres en termes de cohabitation inter-ethnique.

Cette cohabitation a influencé même les Peul dans leur organisation particulière issue de façon déterminante de la religion et des guerres qu'elle entraînait. La cohabitation inter-ethnique est un paramètre sociologique fondamental dans l'éclosion, la naissance des strates dans le Nord Cameroun. Elle instaure une sorte de « complémentarité dialectique » au sein des différents groupes ethniques, c'est-à-dire « des termes ou d'éléments qui se complè-

(29) Froelich J.-F., *op. cit.*, p. 6 et suivantes.

tent dans un même ensemble » (30) en s'influençant réciproquement.

Ces influences ont pour aboutissement la domination de certains groupes par d'autres ; donc une conséquence sociologique en termes de stratifications sociales. Cet aboutissement est aussi le mimétisme puisque les Peul eux-mêmes copièrent l'organisation sociale des Haussa, Arabes choa, Bornuan. Mais ce mimétisme a la même conséquence que la domination puisque c'est lui qui leur a permis de se situer au-dessus des « païens ».

Cependant dans le nord du Cameroun précapitaliste, nous pouvons dire que les stratifications sociales ne sont pas le propre des ethnies musulmanes. Chaque groupe a ses formes spécifiques de strates. Celles qui sont les plus développées sont liées au contexte historique qui est particulier à chacun de ces groupes. Les hiérarchies, les dominations et les inégalités sont aussi bien chez les musulmans que chez les animistes précapitalistes. Ici ou là, elles ont pris naissance dans le phénomène idéologico-politique, la religion, mais aussi dans d'autres rapports sociaux qu'il a induits. Elles se sont exacerbées par les guerres entre animistes et musulmans, avec la prolifération d'une strate de captifs ou d'esclaves, par les guerres entre les animistes eux-mêmes (cas des Guiziga).

Dès lors, que ces stratifications soient élémentaires, précoces ou prononcées, elles font apparaître une relative homologie structurelle dans les deux types de société globale, contrairement aux idées jusqu'ici reçues sur la différence profonde existant entre les sociétés musulmanes et animistes du Nord Cameroun. Ceci permet de comprendre que les stratifications sont des réalités observées et observables dans n'importe quelle société. Ces réalités elles-mêmes constituent ce que Alain Touraine appelle « production de la société ». Cette production peut s'interpréter à la lumière de la première phrase de son livre qui porte cet intitulé dans l'introduction :

> « Les sociétés apprennent à se connaître sociologiquement quand elles se reconnaissent comme le produit de leur travail et de leurs rapports sociaux, quand ce qui semble un ensemble de "données" sociales est reconnu comme le résultat d'une action sociale, de décisions ou de transactions, d'une domination ou de conflits (31). »

(30) Voir à propos de la notion de « complémentarité dialectique », Gurvitch G., *Dialectique et sociologie*, Flammarion, 1962, 312 p., p. 249.

(31) Touraine A., *Production de la société*, Seuil, Paris, 1973, 542 p., p. 7.

Le milieu précapitaliste du Nord Cameroun a ainsi des types de production de la société permettant l'émergence des systèmes d'inégalité et de domination dont l'évolution sans cesse accrue fait actuellement naître de nouvelles stratifications sociales.

III — LES NOUVELLES STRATIFICATIONS SOCIALES EN MILIEU RURAL DANS LE NORD DU CAMEROUN

La dynamique des stratifications est liée dans le Nord Cameroun à deux facteurs fondamentaux : l'islam et le commerce, la prédominance du mode de production capitaliste et la culture du coton.

A) L'islam et le commerce

On ne saisit pas les stratifications sociales actuelles en milieu rural dans le Nord Cameroun en dehors du système lamidal solidement implanté dans cette région. Le phénomène d'islamisation a présidé à une homogénéité des lamidats au niveau religieux. On ne trouve à Guider, Kaélé-Guidiguis, Mora, aucun laamido dont le pouvoir ne soit issu de l'islam ou de l'islamisation.

Même en pays Tupuri où la résistance aux Fulbé a été farouche, les laamibé « païens » « islamisés » interprètent et exploitent l'islam à leur manière. Si dans ces lamidats les populations sont restées réfractaires à cette religion, les communautés villageoises vibrent paradoxalement sous le rythme musulman.

L'islam paraît bien un enjeu politique dans le Nord Cameroun. Le phénomène d'islamisation encouragé par l'administration moderne ne vise pas tout simplement à diffuser la nouvelle religion dans les milieux considérés comme « infidèles » mais aussi et surtout à l'ascension sociale des individus islamisés pour se trouver des alliés. C'est notamment dans les lamidats « païens » que le phénomène est vivement ressenti. Le laamido « païen » qui se fait proclamer musulman peut alors devenir facilement parlementaire, tel que l'attestent les cas du laamido de Kaélé et de Tokombéré, respectivement député à l'Assemblée nationale et deuxième vice-président de celle-ci. Le laamido de Muturwa, qui s'islamise en 1971, se sent plus proche de l'aristocratie musulmane. Des facilités, des faveurs, des prérogatives sont accordées par l'administration à cette catégorie de gens. Elle a des salaires semblables à ceux des hauts fonctionnaires. Elle dispose des « voitures » de luxe, notamment les « 504 » et les Mercedès.

Durant notre dernier séjour dans le nord du Cameroun, le laamido de Tokombéré roulait déjà dans une « Mercedès ». Tous les laamibé « païens » islamisés comme les musulmans ont des accès très faciles aux crédits bancaires, parfois avec pour avaliste l'État.

Non seulement l'islamisation contribue au développement d'une véritable classe politique en milieu rural essentiellement clientèliste, mais elle implique aussi les facilités au niveau de l'accès aux biens matériels, ce qui entraîne les chefs musulmans à se verser dans des activités commerciales ; des contrebandes se font jour (trafic au Nigéria où des voitures sont achetées et traversent les frontières camerounaises sans payer une seule taxe douanière) qui consolident la puissance économique de cette catégorie sociale. Les laamibé se versent dans la spéculation des sacs de mil. Ils développent un courant parallèle à l'Office céréalier. Ils s'affirment plus comme des receleurs. Ils sont propriétaires de villas et de grands magasins. Quelquefois, ils construisent des collèges privés comme le collège « laamido Hayatu » de Garoua. Dans les grands marchés de bétail de Dumru et de Dziguilao, ils font vendre des bœufs, des ânes, des chevaux, etc. Ils ont le monopole de la vente, dans le Nord Cameroun des grands postes radio-cassettes qui y sont très répandus. En même temps, ils ont aussi le monopole de la vente des motos qui ont une très grande influence dans la région. Par personnes interposées, ils se hissent au sommet de la classe des grands commerçants.

Le commerce, en général,prolifère, tel que nous l'avons vu, s'il est intimement lié à l'idéologie musulmane, atteint d'autres couches sociales ; la monnaie qu'il introduit fait émerger d'autres catégories sociales. Froelich observe par exemple à Ngaoundéré le phénomène commercial qui suscite seize strates :

1. les marchands de bœufs,
2. les bouchers,
3. les artisans,
4. les brodeurs,
5. les tailleurs,
6. les cordonniers,
7. les forgerons,
8. les magiciens et guérisseurs,
9. les rebouteux,
10. les potiers,

11. les tisserands,
12. les fabricants de chapeaux,
13. les fabricants de nattes,
14. les brodeurs sur cuir,
15. les prostituées,
16. les coiffeurs et barbiers (32).

C'est que l'islam développe une intense activité commerciale dont l'impact est la segmentation de la société en plusieurs groupes opposés et distincts.

D'autre part, l'action maraboutique se développe. Les écoles coraniques dans la région de Maroua procèdent à une différenciation nette entre mooddibé (maîtres coraniques) et les disciples ou élèves (*derkeyo*). Les mooddibé passent même pour une véritable caste. Ils instituent une communauté qui se caractérise par les maîtres ou préceptes et les fidèles (33), mais surtout, qui instaure un certain commerce. Santerre note dans la région de Maroua que : « désormais, l'enfant s'initiait au Coran mais aussi aux travaux de son milieu pour le bénéfice d'un maître, qu'on avait souligné chez les maîtres l'apparition sporadique du salariat (34). »

Les activités liées à l'islam ont de profondes attaches avec l'esclavage clandestin dans le cadre commercial. En effet, quand le Cameroun passe sous mandat français, le décret du 12 décembre 1905 réprimant la traite au Congo est rendu officiel. La France qui vient de ratifier la Convention internationale sur l'esclavage proposée aux États le 25 septembre 1926 pour la signature réprime sévèrement la traite. Mais les courants clandestins perdurent. Maroua et Mora restent encore de grands marchés d'esclaves. Ceci a une conséquence sociale : la maintenance du développement des strates de départ qui en font émerger d'autres : celles des grands acheteurs, des fugitifs qui se développent et se retrouvent dans les montagnes afin d'échapper à la traite. L'accroissement du commerce fait encore naître en milieu rural une autre strate : celle des vendeurs ambulants qui proposent des tissus et plusieurs autres objets modernes pour achat. Ces différenciations sociales se dyna-

(32) Froelich J.-C., « Ngaoundéré, la vie économique d'une cité peule », *Et. Cam.* n° 43-44, 1954, pp. 3-66.

(33) Voir Santerre R., *op. cit.*

(34) Santerre R., *op. cit.*, pp. 346-352.

misent aussi grâce au mode de production capitaliste qui domine déjà la formation sociale lamidale par le biais de la culture industrielle qu'est le coton.

B) La prédominance du mode de production capitaliste et la culture du coton

Analysant les problèmes de modernisation dans un village tupuri du Nord Cameroun, J. Guilliard a montré comment la culture du coton a fait émerger de nouvelles stratifications dans la communauté villageoise (35). En effet, c'est l'impact de la culture cotonnière sur le foncier qui diffuse les nouvelles stratifications en milieu rural. Nous avons montré plus haut comment la propriété collective qu'est la terre a subi des transformations dans la formation sociale nord-camerounaise. La terre est devenue désacralisée par les nouveaux canaux de circulation connus actuellement. Ses ventes, ses locations, etc. entraînent des groupes opposés pour son accès. Trois groupes essentiels se sont constitués autour de la terre : la SODECOTON, les grands chefs musulmans ou les grands planteurs dont l'opposition au reste des paysans (troisième groupe) est patente.

Dans la plaine de Mora, la culture du coton a contribué à consolider le pouvoir musulman sur la terre, la colonisation des plaines par les montagnards a été une opération ayant fait exacerber les antagonismes entre les musulmans et les non-musulmans (haabé). En descendant en plaine les haabé se sont heurtés aux grands chefs musulmans et à la mainmise qu'ils avaient sur la terre. Afin de cultiver le coton, ils se faisaient embaucher chez les grands planteurs sous forme de manœuvres agricoles. Les deux systèmes sociaux ont subi réciproquement des influences en ce qui concerne la circulation des terres. De même à Kaélé, Guidiguis et à Guider, la culture du coton, par la valeur qu'elle est venue donner à la terre a fait émerger deux groupes opposés : les grands planteurs de coton et les petits paysans (36). Les grands planteurs de coton sont de grands propriétaires fonciers. Les autres se caractérisent et se distinguent par le fait qu'ils ne sont pas propriétaires des terres.

Cependant, il y a eu au sein des haabé, l'émergence d'un groupe aisé dans les plaines ; ce sont les « laboureurs ». En effet, partant

(35) Guilliard J., *Golonpoui, Nord Cameroun*, Mouton, Paris, 1965, 502 p.

(36) Konings P. décrit une telle évolution dans la vallée de Gbedembilisi au Ghana ; voir « Riziculteurs capitalistes et petits paysans ; la naissance d'un conflit de classes au Ghana », *Politique africaine*, n° 11, sept. 1983, pp. 77-94.

de la culture du coton et de l'islam et du commerce, les nouvelles stratifications sociales se présentent ainsi dans l'Extrême-Nord : au sommet un groupe d'intérêt, la SODECOTON, les grands ordres sociaux, les « laboureurs », les petits planteurs, les salariés agro-pastoraux, les paysans sans terre, les esclaves et les serviteurs.

1. *La SODECOTON*

La SODECOTON comprend des agents ou cadres administratifs, des technobureaucrates. Ce groupe est surtout constitué de cadres expatriés tant c'est la CFDT qui reste encore la grande source de ravitaillement en personnel de cet organisme. Près de 80% constituent les personnels expatriés à la Direction générale à Garoua. La plupart des chefs de région représentent ces personnels. Ce n'est qu'à Guider que nous avons vu un chef de région camerounais. C'est un véritable groupe d'intérêt qui administre le développement de la culture cotonnière.

2. *Les grands ordres sociaux*

Les grands ordres sociaux renferment l'aristocratie lamidale, d'autres chefs traditionnels (laawan, djaaoro) et les dignitaires. Ils comprennent aussi des castes comme celle des mooddibé évoquée plus haut, celle des forgerons chez les Mafa, Mada, etc., des prêtres... Ces ordres sociaux sont en même temps les grands planteurs investisseurs, producteurs indirects. Grands propriétaires terriens, ils disposent à la fois d'un pouvoir religieux et d'un pouvoir économique en milieu rural. Les grands ordres sociaux, comme nous l'avons dit plus haut, intègrent des grands commerçants et des hommes politiques.

3. *Les « laboureurs »*

Les « laboureurs » sont, notamment, les haabé installés en plaine et descendus des montagnes. On les retrouve surtout dans la plaine de Mora, Koza, Mayo-Uldémé, Tokombéré, Makalingaï, Mémé, Warba. En 1978, J. Boutrais (37) parle déjà de ce groupe social. A l'heure actuelle, il croît exponentiellement puisqu'il renferme un nombre important d'individus. Selon nos enquêtes, les « laboureurs » peuvent être estimés à 20% de toute la population rurale de Mora et de Kaélé.

(37) Boutrais J., *Compétition foncière*, *op. cit.*

4. Les petits planteurs (ou petits producteurs)

Les petits planteurs renferment une population rurale non propriétaire des terres. Pour disposer des parcelles à cultiver, ils procèdent comme les « laboureurs » à des locations de terres aux surfaces ne dépassant pas 0,25 ha. Leur revenu cotonnier atteint à peine 16 000 F CFA au terme d'une campagne agricole. Dans les deux plaines de Kaélé et de Mora, on les retrouve souvent dans le salariat agricole, lorsque les prestations exigées par les grands chefs islamisés ne leur ont pas permis d'accéder à la terre. Les petits planteurs constituent le groupe le plus nombreux. Près de 65% dans les zones rurales de Guider, 70% dans les deux plaines de Kaélé et de Mora, 60% dans la plaine du Diamaré (38).

5. Les salariés agro-pastoraux

Les salariés agro-pastoraux sont liés directement à l'évolution de la culture cotonnière. Dans les lamidats de Guider, à Mayo-Ulo, Golombé, Lam, Bidzar, ce sont surtout les populations fali et certains ressortissants du Nigéria. A Kaélé et à Guidiguis, compte tenu de l'évolution actuelle des rapports marchands dont nous avons déjà parlé, les Mundang, les Tupuri, les Guiziga pratiquent entre eux le salariat agro-pastoral. A Dumru, ils travaillent chez les grands planteurs fulbé. Les étrangers venant du Tchad entrent également dans cette catégorie, ce sont les « banana ». On y trouve aussi des Matakam venant de Mokolo.

6. Les paysans sans terre

Les paysans sans terre constituent une catégorie sociale dépourvue de moyens et de facteurs de production. Ce sont surtout des jeunes paysans caractérisés par deux groupes : les *Choko* et les *Boudaari*. Ces groupes ont en commun le fait qu'ils ne travaillent pas, faute de terres. C'est une jeunesse paysanne qui connaît le chômage rural. De temps à autre, certains éléments de celle-ci, exilés en ville, se débrouillent dans les petits métiers (tailleurs, tisserands, bouchers...).

Mais actuellement, le mouvement des jeunes agriculteurs, lancé par le gouvernement tend à les stabiliser en les enrôlant dans

(38) Ces pourcentages sont déterminés à partir de nos enquêtes sur les revenus cotonniers sur un échantillon de taille 24 dans les lamidats des zones sus-citées.

des activités agro-pastorales. Si ce mouvement tend à limiter l'exode rural,il n'est guère favorable au sort de ces jeunes gens. Nous l'avons souligné plus haut.

Les paysans sans terre ne se limitent pas aux jeunes : on y trouve une certaine catégorie d'adultes constituant, à l'instar des navétanes au Sénégal, une main-d'œuvre agricole ou pastorale saisonnière. A Boboyo, près de cent paysans sans terre ont déjà migré dans le Nord-Est Bénoué où il y a actuellement un nouveau projet de colonisation des terres. A Muturwa, nous avons recensé cinq cents départs, à Guidiguis soixante, à Mora près de trois cents pour le même projet. L'on comprend facilement comment les paysans sans terrre sont tendus vers les migrations. Il n'y a pas que les adultes ; certains jeunes vont aussi dans le Nord-Est Bénoué, mais reviennent plus facilement aux zones de départ compte tenu des structures d'accueil défavorables.

7. *Les esclaves et les serviteurs*

Les esclaves et les serviteurs connaissent une évolution liée à l'islam et à la culture cotonnière où leur importance en termes de main-d'œuvre nécessitait des données numériques. Nous avons vu plus haut les caractéristiques des esclaves dans le nord du Cameroun. Leur importance au sein de notre stratification tient au fait qu'ils constituent à l'intérieur de certains saaré le témoignage des survivances de la société musulmane précapitaliste. Avec les serviteurs, ils sont soumis aux mêmes conditions d'existence. Respect inconditionnel envers les maîtres islamisés, soumission totale à leur égard ; ils constituent également la force de travail à tout faire pour leurs maîtres.

Nous pouvons dire au terme de ces données que, dans le nord du Cameroun, les stratifications sociales et leurs dynamiques sont liées au rapports sociaux idéologiques relevant de la religion et de la culture du coton. La religion pendant l'époque précapitaliste, que ce soit chez les animistes ou chez les musulmans, a toujours été déterminante. Les croyances animistes aussi bien que la croyance en Allah ayant contribué à la formation des royaumes théocratiques semblent pour nous plus essentielles dans la segmentation sociale. D'autres rapports sociaux ont effectivement agi en ce sens : rapports de parenté, rapports matrimoniaux, etc. ; mais leur rôle est secondaire.

Les stratifications actuelles ont connu une dynamique liée au système lamidal, c'est-à-dire à la religion islamique qui l'a instauré. Si l'on peut parler d'un État ou d'un royaume lamidal dans le nord du Cameroun, il est d'abord théocratique. C'est au nom de l'aspect temporel d'un type d'islam qu'il trouve son fondement — la croyance en Allah légitimant tout ordre social chez les Fulbé ou Mandara et la croyance aux ancêtres ou esprits chez les animistes. L'asymétrie entre ces deux groupements ethniques devient finalement apparente car le laamido « païen » islamisé n'est pas fondamentalement en contradiction avec ses sujets au niveau religieux. Même s'il parle au nom de l'islam, « les idéo-logiques » (39) animistes, tournées aussi vers une cité invisible et à laquelle on aspire, établissent de grandes similitudes avec les deux religions. C'est d'ailleurs pour cela que les laamibé païens arrivent facilement à instaurer les modes de vie musulmans dans leurs villages.

Rien qu'au niveau de l'islam qu'ils combinent sournoisement à l'animisme, et en dehors de la djakka qu'ils connaissent maintenant, ils perçoivent à l'instar des laamibé musulmans certains impôts et taxes de leurs sujets. Donc, dans le système lamidal, le laamido hérite des biens vacants quand le défunt n'a laissé aucun héritier connu. Quand le laamido règle les successions par le partage des biens, il perçoit le dixième de tout l'héritage. Les biens des absents dont on n'a pas vu la présence au terme d'une certaine durée reviennent d'office au laamido. Le laamido est reconnu comme vingt-deuxième héritier. Il perçoit en outre une taxe sur le fermage et le pâturage, *soffal,* des étrangers, des redevances ou des taxes variables, *lahore,* de ses sujets.

Les dynamiques de stratification trouvent ici même leurs logiques dans l'islam ou l'islamisation. La loi coranique institue les différences prononcées entre les groupes, fait l'apologie des richesses de certains. Étudiant la transformation du régime foncier en pays mawri au Niger, Éliane de Latour en arrive à de telles conclusions :

> « L'islam, dit-elle, contribue à légitimer..., justifie la propriété des biens, la différenciation sociale et le bien-fondé de la fortune. Si la terre appartient à Dieu, elle demeure quand même accessible par des hommes qui se la présentent comme un moyen économique. Femmes et champs, c'est-à-dire les moyens de reproduction économique et sociale, sont à la disposition totale de l'homme dans la loi coranique (40). »

(39) A propos de la notion d'idéo-logique, voir Auge M., *Théorie des pouvoirs et idéologie: étude de cas en Côte d'Ivoire*, collection Savoir, Paris, 1975, 434 p.

(40) In Amin S., *L'agriculture africaine, op. cit.*, p. 200.

Le mode de production capitaliste prédominant amené par la culture de rente consolide à ce titre la segmentation sociale.

Nous avons en effet vu que le coton introduit et garantit la prédominance du mode de production capitaliste dans la formation sociale lamidale au niveau de trois points : la culture attelée et les rapports marchands qui lui sont liés, la terre dans ses transformations en propriété privée et les surplus ou ponctions paysannes. C'est que, dans cette optique, la culture attelée, la terre, les ponctions deviennent des paramètres de division ou de stratification rendant profondes les divisions et les stratifications de départ. Elles introduisent un circuit ou cycle dialectique : accumulation-paupérisation, qui fait accélérer les différenciations sociales. Celles-ci sont rendues aiguës par la dépendance au mode de production dominant qui fait des zones rurales les réservoirs de force de travail. Ce même mode de production caractérise par contrecoup le capitalisme agraire par

> « la propriété privée des moyens de production comme la terre, les femmes, les outils, etc., l'emploi de la force de travail moyennant le paiement des salaires, ce qui suggère que cette force de travail a acquis la valeur d'une marchandise à acheter et à vendre sur le marché (41) »

et que les producteurs directs se constituent en véritable groupe distinct des autres. Une telle évolution affecte profondément les structures agraires.

Si

> « la structure agraire consiste en la matérialisation d'un système général de rapports de force, la finalité du système comme celle de la plupart des systèmes de rapports sociaux est l'appropriation d'une fraction du travail collectif : celle qui dépasse les besoins propres des producteurs directs (42) ».

Les structures agraires deviennent donc ici des lieux de secrétion des dominations et des inégalités dues à leur éclatement par le mode de production capitaliste. Les forces productives ne sont plus seulement confrontées aux ponctions et prélèvements de la classe dirigeante par les structures étatiques ou de la société internationale, mais aussi à celles des structures religieuses et

(41) Gurmu T., « Le développement du capitalisme agraire au Ghana avec mention spéciale du district d'Ejura, *in* Samir Amin, *op. cit.*, p. 349.

(42) Gutelman M., *Structures et réformes agraires (Instruments pour l'analyse)*, Maspéro, Paris, 1974, 200 p., p. 32.

sociales pour les bénéfices des grandes castes ou des ordres que nous connaissons déjà. Nous avons même parlé de ces ponctions au niveau de la djakka, des autres impôts et taxes perçus par le laamido dans le cadre de l'islam. Mais dans la production capitaliste, elles se matérialisent par le don au laamido et autres chefs traditionnels de l'argent en espèces après la vente du coton.

En effet, les contradictions (idéologie animiste et mode de production capitaliste, idéologie dominante et rapports de production) introduites par le mode de production capitaliste au sein des structures agraires de départ cristallisent la fragmentation de la société. Sa désagrégation s'effectue non seulement sur le bouleversement des anciennes structures, mais aussi autour des différents groupes sociaux aux intérêts contradictoires chaque jour naissants.

Ce qui semble intéressant dans le nord du Cameroun est que l'évolution des stratifications, même s'effectuant plus vite grâce à l'impulsion du mode de production capitaliste, est couverte ou mieux masquée par l'idéologie musulmane se combinant actuellement avec l'idéologie capitaliste. Ce masque entraîne efficacement l'accumulation des richesses par les castes, les ordres, voire d'autres groupes d'acteurs sociaux supérieurs au niveau des lamidats. Cette accumulation obéit nettement aux lois du profit instaurées par le mode de production capitaliste.

Actuellement, les quatre rapports sociaux — parentaux, matrimoniaux, salariaux, esclavagistes — qui nous ont permis d'identifier les différents acteurs sociaux du développement rural au niveau des saaré — sont largement influencés par l'idée du profit connue par les chefs de saaré. Nous avons souligné les aspects contradictoires qui les sous-tendaient, voire les conflits potentiels qui les régissaient ; ceci n'est pas le produit du hasard. On peut l'expliquer par les tendances exacerbées à l'économie de profit animant actuellement les acteurs sociaux lamidaux du développement rural. L'idée de profit creuse plus profondément les différences entre classes d'âge, hommes/femmes, patrons/salariés, maîtres/esclaves. Ce creux se manifeste par un individualisme que Gabriel Gosselin a taxé de « cotonnier » (43) chez les Gbeya de Centre Afrique. Car la solidarité se manifestait ici par l'organisation des travaux collectifs à l'échelle de la société ; ceux-ci sont surtout initiés actuellement au profit des laamibé. Ces derniers couvraient aussi

(43) Gosselin G., *op. cit.*, p. 169.

leurs sujets. Ce fut là le but principal du baïtal, mais l'assistance aux sujets a disparu. Le baïtal, devenu propriété privée du laamido, ne sert plus désormais que ses intérêts personnels. L'éclatement de la solidarité implique dès lors des groupes d'individus qui se perçoivent selon des oppositions de besoins et d'aspirations : le repli des groupes aisés sur eux-mêmes, leur coupure d'avec les autres et la marginalisation de ces derniers.

De même, au niveau de la communauté villageoise, les rapports sociaux examinés entre laamibé et reste de paysans-sujets traduisent des clivages profonds. Avant, le laamido pouvait se promener à cheval accompagné de domestiques. Ceci avait pour fonction de le mettre en contact direct avec les sujets, même s'il se situait différemment par rapport à eux. Mais les déplacements actuels à l'aide de grandes voitures luxueuses en milieu rural contribuent à la dissolution de tout contact avec les sujets. Ils constituent des signes extérieurs de division, de distinction, mais aussi d'inégalité et de domination dans les lamidats. En outre, le laamido dans différentes communautés villageoises est presque vu comme le propriétaire d'une banque ambulante. Tout échange d'argent qui veut se faire doit mener les paysans en transactions chez lui. Le fait que ce dernier sorte de sa « gandoura » des liasses de billets de banque non seulement met le paysan en position de frustré, mais aussi se traduit comme un signe extérieur de domination mettant à l'écran les inégalités qui les séparent.

Cependant, si on observe en profondeur la dynamique des stratifications sociales dans la formation sociale lamidale, on constate que le mode de production capitaliste semble y consacrer la contradiction essentielle au niveau de deux groupes fondamentaux : les laamibé et les paysans sans terre qui constituent avec tous les autres petits producteurs une forme de sous-prolétariat. Ces deux groupes sont en effet les points de cristallisation des contradictions émanant à la fois de la classe dirigeante et de la société internationale, donc des acteurs sociaux extra-lamidaux. Ces contradictions consacrent la séparation entre produit et producteur, entre une catégorie de personnes nanties de toutes les choses qu'il faut au travail pour se réaliser, et une catégorie de personnes dont l'avoir se borne à leur propre force de travail. Ce qui induit le véritable point de départ de la production capitaliste telle que décrite par Marx (44). La stratification sociale actuelle, malgré d'autres groupes sociaux dont on ne peut nier l'existence,

(44) Marx K., *Le Capital, op. cit.*, 406.

semble avoir son avenir entre les laamibé et les petits producteurs. Reflets de toutes les oppositions des différents acteurs sociaux du développement rural, ces deux groupes passent à l'avant-garde de l'introduction des conflits sociaux en milieu rural dans le nord du Cameroun.

CHAPITRE V

Les conflits sociaux en milieu rural dans le nord du Cameroun

La notion de conflit social est attribuable à toute société humaine. Aucune société dans son évolution historique, par les contradictions qui lui sont inhérentes ne peut prétendre être à l'abri des conflits. Ce qui semble important pour le sociologue c'est de détecter leurs spécificités selon les différents milieux sociologiques. Toutes les sociétés n'ayant pas les mêmes déterminismes et n'ayant pas connu les mêmes contextes historiques, les conflits sociaux ne sont nullement identiques.

Alain Touraine parle des conflits sociaux dans la société post-industrielle (1). Leurs formes d'expression ne sont pas les mêmes dans les formations sociales africaines en gestation. Si dans la première, les conflits sociaux peuvent s'exprimer par certaines organisations socio-professionnelles telles que les syndicats, les partis d'opposition au niveau politique, les grèves, etc., en Afrique, la plupart des syndicats ne jouissant pas d'une autonomie par rapport aux partis uniques sont systématiquement impuissants. De même, l'opposition politique y est dans la plupart des pays inexistante au niveau officiel, les positions frontales de contestation pouvant matérialiser ouvertement les conflits sociaux sont ainsi rares.

Cependant, la société africaine a trouvé de manière plus ou moins sporadique sinon spontanée des formes de contestation

(1) Touraine A., *Pour la sociologie, op. cit.*, pp. 39-178.

exprimant de façon patente les conflits qui la sous-tendent. C'est à ce titre que J.-F. Bayart a pu parler de « la revanche des sociétés africaines » (2). Bayart évoque notamment des « modes populaires d'action politique » qu'il recense ainsi : révolte, refus de certaines cultures ou sous-productivité, grèves, absentéisme électoral, migrations, recours à la sacralité, création de communautés théocratiques, contrebandes, secteur informel, etc. Comme on le voit bien, ces phénomènes ne sont pas seulement de nature politique, s'ils ont des impacts politiques allant jusqu'à créer le plus souvent la ruine économique ou politique des États africains, c'est qu'ils ont des colorations sociologiques importantes.

En effet, la recherche des conflits sociaux dans les formations rurales africaines, où peuvent s'observer ces phénomènes nous paraît plus fructueuse à partir des systèmes de reproduction. Ceux-ci permettent effectivement de mettre en évidence les contradictions d'où jaillissent les conflits sociaux en milieu rural. Une telle problématique occupe largement de récentes analyses de certains spécialistes du monde rural africain (3).

L'étude des systèmes de reproduction pour de tels chercheurs permet de voir les oppositions entre la logique de reproduction paysanne et celle de la classe dirigeante par le biais de l'État, voire celle de la société internationale, qui font émerger des conflits sociaux en milieu rural.

Dans la mesure où dans le nord du Cameroun nous avions déjà vu les trois paliers d'acteurs sociaux du développement dont nous étudions les interactions, il est urgent de présenter les contradictions régissant leurs systèmes de reproduction afin de dégager les conflits qui les opposent ou pourront les opposer. Mais notre étude se situant dans le cadre d'une analyse essentiellement dynamique, il est intéressant de voir ce qu'étaient les systèmes de reproduction dans le nord du Cameroun précapitaliste et les différents conflits auxquels ils renvoyaient.

(2) Bayart J.-F., « La revanche des sociétés africaines », *Politique africaine*, n° 11, sept. 1983, p. 95-127.

(3) Voir notamment : Campagne P., « États et paysans : la contradiction entre deux systèmes de reproduction », *Économie rurale*, n° 147-148, janvier-mars 1982, pp. 37-44. On pourra aussi se reporter à ses fascicules en collaboration avec Hakin A. Abdel et Bonnal J., *Zones rurales et systèmes de production, fascicule II, problématique et contenu de l'analyse, mars 1983, 104 p.*

I — SYSTÈMES DE REPRODUCTION ET CONFLITS SOCIAUX DANS LE NORD DU CAMEROUN PRÉCAPITALISTE

La diffusion du système lamidal comme nous l'avons dit plus haut étant liée au développement de la culture du coton, le lamidalisme ne se consolide donc au nord du Cameroun que durant la période coloniale européenne. Par conséquent, il est vain de rechercher les systèmes de reproduction précapitaliste nord-camerounais dans le système lamidal, tel que présenté ici. Dans cet ordre d'idées, si « les conditions de la production sont aussi celles de la reproduction », les systèmes de production seront aussi les systèmes de reproduction.

Ainsi dans le nord du Cameroun précapitaliste, on ne peut parler d'un système de production unique. La diversité ethnique dont nous avons fait mention renvoie à une diversité de systèmes de production ou de reproduction traditionnelle. Cependant ces systèmes de production ou, mieux, cycles production-reproduction peuvent se ramener à deux : celui des animistes avec ses variations et celui des musulmans. Car ces deux catégories d'ethnies ont chacune entre elles de fortes dissemblances et similitudes au niveau des rapports de production, des institutions et des idéologies, conditions essentielles de fonctionnement du cycle production-reproduction (4).

II — LE CYCLE PRODUCTION-REPRODUCTION CHEZ LES ANIMISTES

A) Les rapports de production

Les rapports de production dans le système de reproduction des tribus animistes précapitalistes sont en grande partie le produit des acteurs sociaux du milieu rural au niveau des concessions que nous pouvons aussi considérer comme des unités de production. On y retrouve les différents acteurs déjà vus sauf les travailleurs saisonniers ou permanents dont l'apparition est liée au climat de guerre connu par ces populations et la culture de rente qu'est le coton.

(4) Campagne P. (et autres), *op. cit.*, p. 24.

En effet, les cadets, les femmes sont dépendants des aînés sociaux dans l'unité de production. C'est dire qu'ils travaillent dans les champs familiaux placés sous la responsabilité du chef de concession. Les champs familiaux ne se divisent donc pas encore entre ceux du chef de concession et ceux de sa ou de ses femmes. Ils mettent à l'œuvre toute l'unité de production. La production est consacrée notamment à l'autoconsommation. Cette production est gérée par le chef de concession qui décide de la quantité destinée pour un temps à nourrir tous les membres de la famille et de celle capable de les soutenir durant la période de soudure. Chez les Tupuri, le mil de case est contenu dans le grenier qui entretient la subsistance ou la force de travail des membres de la concession, un autre grenier assure leur sécurité alimentaire et prévoit des périodes de disettes.

Si des céréales telles que le mil sortent de la concession, c'est en guise d'échange entre des voisins qui relèvent du même lignage, clan, sous-clan ou tribu que le chef de concession. C'est que le prêt peut se faire à long terme, allant même jusqu'aux prochaines récoltes pourvu que des garanties assurent le chef de concession prêteur qu'il aura sa quantité initiale de mil. Celle-ci comblera le trou creusé au mil de case dans le grenier de sécurité. Tout se passe comme si les pertes de quantités de mil impliquaient une mise en risque de perte de survie du noyau familial. La représentation même que les membres d'une concession se font de la culture du mil est celle de réalisation de leur pleine existence en termes de consommation.

A ce titre, on comprend que les chefs de concession ou les aînés sociaux aient la responsabilité dans leur gestion, de faire circuler les biens dans le sens d'un autre cycle distribution-redistribution qui garantit une autonomie et une sorte d'accumulation afin de maintenir la sécurité de la famille. Dépendants du chef de concession, les membres actifs de l'unité de production voient en lui le détenteur de la garantie de leur sécurité.

B) Les institutions

Cette garantie ne se limite pas seulement à la subsistance en tant que telle, elle se diffuse au niveau des institutions telles que les règles foncières, matrimoniales.

La circulation des terres obéit d'abord à la logique de préservation de l'espace pour l'unité de production. Cette préservation spatiale se matérialise par des règles d'appropriation des terres qui peuvent se ramener généralement à trois :

— le débroussage,

— le don,

— l'héritage.

Par débroussage, le chef de concession, avec l'accord des chefs de terre, défrichait une portion de terrain où il pouvait s'installer avec sa famille. Le plus souvent, c'étaient des parcelles inoccupées qui appartenaient à ses ancêtres. Au dernier cas, il créait donc un espace d'installation où il entendait se reproduire et faire reproduire les siens. Afin de s'assurer les garde-fous, il pouvait céder certaines parcelles par don à ses enfants mariés.

Le don de terre s'entend ainsi dans l'esprit d'encadrement d'une concession aussi diffuse qu'elle puisse paraître. Même après avoir été donnés, les produits de cette terre restaient dans les propres canaux de circulation du chef de saaré. Le don des terres obéissait ainsi à la logique de préservation physique. Il initiait une sorte d'accumulation primitive régie par les lois de reproduction familiale.

De même, l'héritage n'avait pour but que la perpétuation de l'unité familiale. Celui qui héritait, fût-il collatéral ou descendant direct du chef de concession, avait pour mission de continuer l'œuvre esquissée. L'héritage de la terre par un membre de la famille satisfaisait ainsi au souci de préservation d'une descendance qui ne devait pas disparaître. Que ce soit chez les Mundang, les Tupuri, les Guiziga ou Guidar, les mêmes composantes de reproduction déjà évoquées prévalaient.

Au niveau des alliances matrimoniales, le mariage obéissait d'abord au souci de reproduction réciproque de deux concessions qui, à une certaine échelle, l'était entre deux lignages, clans, ou tribus. L'homme qui épousait par exemple une femme d'un autre clan, devait, s'il avait une sœur, la donner aussi en mariage au clan de sa femme. Celles-ci, éléments de reproduction par essence assumaient cette fonction dans les deux concessions réciproques ; en travaillant la terre, l'une et l'autre se trouvaient imbriquées dans le cycle de production-reproduction.

C) Les idéologies

Ce cycle production-reproduction renvoie en effet à une échelle de valeurs qui consacre toute une idéologie. C'est qu'il s'agit d'un ensemble de règles et de symboles qui traduisent une conception du monde en conditionnant toute cette activité humaine. D'autre part, les individus imbriqués dans ces procès de reproduction le sont par des relations imaginaires qu'ils entretiennent avec les règles et symboles évoqués et qui les rendent dépendants des chefs de concession. Les idéologies hiérarchique et masculine conditionnent donc ici le système de reproduction.

Ceci a suscité des contradictions qui ont fait émerger certains conflits sociaux notamment au niveau de la distribution des terres.

C'est que, en fait, les collatéraux sont entrés en conflit avec les descendants directs des chefs de concession. Au niveau de l'héritage, la succession a connu de graves conflits entre les frères aînés et les frères cadets. Le partage des biens, source permanente des oppositions, a été le paramètre essentiel de ces conflits.

Si au niveau familial, des conflits se perçoivent, il en est de même à celui de la « société globale » qu'est le village chez les animistes du Nord Cameroun précapitaliste. Ils se saisissent toujours à travers le système de reproduction à l'échelle villageoise.

En effet, tout comme au niveau strictement familial, la reproduction dans le cadre du village tout entier est simple. Les chefs de lignages, les prêtres, les chefs de terre, etc. assument le contrôle de celle-ci. La logique qui régit le système de reproduction villageois repose stricto sensu sur la garantie de la survie de la communauté. Les membres de cette dernière trouvent une garantie de leurs besoins fondamentaux auprès des personnalités villageoises évoquées plus haut. Le cycle distribution-redistribution se fait selon l'intérêt de toute la communauté (5).

Cependant il existe des rapports de production. Ceux-ci sont tissés entre les personnalités villageoises et le reste des individus. Ils se concrétisent par un système de prestations profitant aux prêtres et aux chefs de terre. C'est qu'il y a des prélèvements sur la production villageoise à partir des structures religieuses et sociales. Le massaï et le kuli seuls donnent l'ordre de semer et de récolter chez les Guiziga, Muturwa-Ngi Bui. Les prêtres qui invoquent la pluie sont dans toutes ces ethnies. Le wang siri et le pasri chez les Tupuri et les Mundang, respectivement chefs de terre, avaient une grande part dans la production sociale des villageois. Leur statut et leur rang social leur permettaient d'opérer des prélèvements sur la production des communautés d'autosubsistance. Les person-

(5) Excepté chez les Guiziga et les Guidar qui ont connu des contextes historiques plus particuliers.

nalités villageoises constituent donc un groupe privilégié dominant et contrôlant la production.

Aussi des conflits sociaux éclataient-ils autour de l'accès aux céréales pour la subsistance, devenu difficile pour certains villageois. Pierre Fougeyrollas parle même de véritables luttes de classes à partir de l'accès au mil dans ce genre de sociétés (6). L'importance d'un groupe d'hommes privilégiés, composé de prêtres, des chefs de terre, des chefs de lignages est liée au fait qu'il contrôle la production villageoise. Ses contradictions avec le reste des villageois consacrent les conflits sociaux au sein de la communauté..

Mais ces conflits ont des acuités différentes de par leur nature ; ceux qui découlent de l'accès au mil sont différents de ceux qui sont provoqués par deux clans ou deux ethnies comme chez les Guiziga et les Guidar. Chez les Guiziga, le clan Muturwa-Bui a évincé celui de Muturwa-Mukura. Par la suite, les Muturwa Ngi-Bui (7) sont venus s'installer à Muturwa par conquête. Ce conflit a été très aigu et a matérialisé des situations frontales ayant dégénéré en effusions de sang.

Chez les Guidar, les conquêtes fulbé connues depuis le XIXe siècle ont eu les mêmes conséquences que le conflit des clans chez les Guiziga. Matérialisant une nette opposition entre les musulmans et les païens, leur intensité donne une autre coloration et une autre nature aux conflits sociaux.

Chez les Guiziga et les Guidar, les conflits sociaux précapitalistes se démarquent de ceux connus par d'autres animistes et méritent une interprétation à part (nous y reviendrons).

Les conflits sociaux existent donc déjà dans le Nord Cameroun précapitaliste. On ne les comprend et ne les explique qu'en se plaçant dans les systèmes de reproduction des unités de production d'une part, et de la communauté villageoise d'autre part, en ce qui concerne les tribus animistes. Les idéologies qui légitiment ces systèmes de reproduction sont hiérarchique, masculine et religieuse.

(6) Voir Fougeyrollas P., « Le défi de la sécheresse et la lutte des classes en Afrique soudano-sahélienne », in P. Dakeyo, *Le cri pluriel*, Saint-Germain-des-Prés, Paris, 1976.

(7) Muturwa Ngi-Bui = Muturwa-Bui.

III — LE CYCLE PRODUCTION-REPRODUCTION CHEZ LES MUSULMANS

Si on observe deux cycles production-reproduction qui traduisent concrètement deux systèmes de reproduction chez les animistes, il n'en est pas de même chez les musulmans. Dans le Nord Cameroun précapitaliste, les musulmans n'ont qu'un système de reproduction se situant à l'échelle villageoise.

Ce système de reproduction exige que l'on examine les structures sociales de leurs communautés. On remarque donc que ces dernières sont fortement centralisées. Le grand chef religieux, émir, sultant, tixé ou laamido est le chef religieux, politique et guerrier. C'est lui qui gère le cycle production-reproduction. Il distribue la terre, règle les successions, détient le trésor public (baïtal). La reproduction est ici apparemment simple. Le chef musulman a pour responsabilité de veiller à l'acquisition des biens nécessaires à la communauté. Sa gestion du trésor public obéit d'abord à cette logique.

Mais cette reproduction n'est possible que par une segmentation de la société en deux : les hommes libres et les esclaves. Ces derniers travaillent afin de subvenir à leurs propres besoins fondamentaux et à ceux de la communauté. Le chef musulman perçoit de ses sujets des tributs destinés à des fins identiques puisque en principe ils devraient alimenter le trésor public. Dès lors, le système de reproduction se fonde sur une forme d'accumulation légitimée par l'idéologie religieuse, car c'est le Coran qui fixe ses conditions.

Ce système d'accumulation s'est développé dans le Nord Cameroun précapitaliste par des contacts entre les musulmans et les païens. C'est ainsi que le système de reproduction des musulmans est entré en conflit avec celui des païens et a introduit des situations frontales au sein des communautés musulmanes. Les Kirdi, considérés comme des esclaves, ont été les principaux agents de ces conflits. Ils ont constitué la force de travail essentielle pour les musulmans. Et ce n'est pas à tort que J.-Y. Martin a dénoté que cette structure sociale fonctionne sur le modèle de la reproduction élargie (8). (Mais seulement, met-il l'accent sur des conflits sociaux induits par ce modèle de reproduction ?)

(8) Martin J.-Y., « Appareil scolaire et reproduction des milieux ruraux », in *Essais sur la reproduction des formations sociales, op. cit.*, pp. 55-67 ; p. 65 et suivantes.

C'est effectivement que le système de reproduction des musulmans repose sur la reproduction élargie ; ce qui diffère chez certains animistes. La rencontre des deux systèmes a entraîné des conflits inter-ethniques en milieu rural. La cohabitation peul-kirdi doit donc être placée dans un contexte socio-économique où les kirdi sont des producteurs directs. Elle configure un tissu de rapports conflictuels caractéristiques du milieu rural dans le nord du Cameroun précapitaliste. Que ce soient les Guidar, les Guiziga, les Tupuri ou les Mundang, ils ont tous combattu contre les Fulbé. S'ils sont devenus leurs esclaves ou captifs, ce furent des esclaves batailleux contrairement aux Matchoubé, esclaves propres de la société peule. Les Matchoubé n'avaient nullement conscience des conditions d'esclaves dans lesquelles ils vivaient. Malgré les contradictions de classe qui régissaient leurs rapports sociaux avec les seigneurs, l'idéologie religieuse légitimait leur statut social. Elle régulait ainsi tout conflit éventuel. Mais avec les esclaves kirdi, de véritables guerres et révoltes sont apparues au sein des communautés musulmanes. Les conditions de la reproduction élargie contradictoire aux forces productives ont consacré en milieu rural de véritables conflits sociaux.

Les conflits sociaux dans le nord du Cameroun précapitaliste ont leur origine dans les contradictions existant au sein et entre les divers systèmes de reproduction. Ces contradictions ont mis les différents acteurs en opposition ainsi que nous l'avons vu avec les cadets et les aînés sociaux, les collatéraux et les descendants directs des chefs de concession, les ordres sociaux et le reste des villageois, les musulmans et les kirdi. On ne comprend pas les conflits sociaux actuels dans le milieu rural nord camerounais si on ne cherche pas à saisir les propres contradictions internes à ses différentes sociétés, si on ne cherche pas à examiner le cloisonnement entre les nouveaux paramètres d'origine extérieure et les conflits inhérents, au départ, à ces sociétés. Car

> « les sociétés agricoles du Tiers-Monde révèlent à l'analyse des rapports inégalitaires, des contradictions internes, des conflits et tensions entre individus et groupes (...). On ne peut comprendre les transformations de ces sociétés si l'on n'intègre pas dans l'analyse leurs rapports internes (9) ».

(9) Faye J., « Les transformations vécues dans les sociétés en développement (l'exemple des Wolof du Sine-Saloum au Sénégal) », *Économie rurale*, *op. cit.*, pp. 15-20, p. 15.

Cependant, le tout n'est pas de dire que les conflits sociaux existent dans les sociétés rurales africaines. Le problème sociologique, pour qu'il soit perçu à fond, renvoie à la nature réelle de ces conflits. Ceci revient à poser la question suivante : les conflits sociaux dans le nord du Cameroun précapitalitste sont-ils de simples conflits entre certaines catégories sociales ou des conflits de classe ?

Là est posée la problématique des classes et de leurs luttes dans le nord du Cameroun précapitaliste. Mais avant de nous atteler dessus, il convient de définir la notion de classe. En effet, cette notion telle que pensée par Marx ne paraît applicable à aucune société précapitaliste. Marx dans *Le Capital* étudie la société capitaliste industrielle. Et, dans ce cadre, il n'a pas pu achever son analyse des classes. Ce qu'il nous livre à travers *Le Capital* est une série de questions auxquelles il n'a pas pu répondre :

> « La question, dit-il, qui se pose tout d'abord est la suivante : qu'est-ce qui constitue une classe ? La réponse découle tout naturellement de la réponse à cette autre question : qu'est-ce qui fait que les ouvriers salariés, les capitalistes et les propriétaires fonciers constituent les trois grandes classes de la société ? (10) »

De ces questions nous pouvons tout simplement déduire qu'à la fin du livre troisième du *Capital*; Marx ne considère que trois classes sociales : les ouvriers salariés, les capitalistes et les propriétaires fonciers. Or, aucune société précapitaliste ne connaît encore de tels groupes sociaux produits directs de l'industrialisation.

On pourrait penser que les propriétaires fonciers s'y trouvent déjà ; aussitôt cette hypothèse s'écarte : la propriété éminente de la terre revient à certaines collectivités. Les chefs de terre peuvent certes commettre certaines erreurs de partage mais qui ne vont pas encore dans le sens de l'appropriation privée. Celle-ci est apparue plus nettement avec l'économie de traite et les cultures de rente. Les classes sociales selon Marx ne semblent pas être une réalité précapitaliste (11).

(10) Marx K., *Le Capital*, livre troisième, Éd. Soc., Paris, 1977, 867 p., p. 796.

(11) Nous n'excluons cependant pas le fait que la notion de classe puisse revêtir un double sens chez Marx. Voir *L'idéologie allemande*, Éd. Soc., Paris, 1968, 632 p. et *Le manifeste du parti communiste*, Éd. Soc., Paris, 1972, 96 p.

On se reportera aussi à Godelier M., « Note sur les deux usages et les deux sens du mot "classe" chez Marx », dans son récent ouvrage, *L'idéel et le matériel*, *op. cit.*, pp. 320-329.

Mais V.-I. Lénine, à notre avis, est allé plus loin dans la définition des classes sociales. Cette définition naît dans le contexte sociologique que connaît la Russie de l'année 1917 qui est fort assimilable à celui connu actuellement par les formations sociales africaines, aussi bien précapitalistes que capitalistes. Lénine définit les classes sociales comme

> « de vastes groupes d'hommes qui se distinguent par la place qu'ils occupent dans un système historiquement défini de production sociale (...) vis-à-vis des moyens de production, par leur rôle dans l'organisation sociale du travail, donc, par les modes d'obtention et l'importance de la part de richesses sociales dont ils disposent. Les classes sont des groupes d'hommes dont l'un peut s'approprier le travail de l'autre, à cause de la place différente qu'il occupe dans une structure déterminée de l'économie sociale (12) ».

Lénine ouvre la recherche sur les classes sociales dans toutes les sociétés humaines.

Elles ne sont plus le propre des seules sociétés industrialisées. Même les sociétés précapitalistes peuvent avoir de façon inhérente, les classes sociales. Comme le dit Osendé Afana :

(12) Lenine V.-I., « La grande initiative », *in Œuvres choisies en trois volumes*, Éd. du Progrès, Moscou, 1977, 856 p., p. 225.

Le concept de classes sociales fait aussi l'objet d'analyses chez G. Gurvitch, voir notamment. *Le concept des classes sociales*, CDU, Paris V, 1954, 138 o.

La problématique des classes sociales en Afrique occupe la sociologie depuis fort longtemps, voir :

« Les travaux du VIe colloque de l'association internationale des sociologues de langue française », Royaumont, *Sociologie de la « construction nationale » dans les nouveaux États*, Éd. de l'Is, Univ. libre de Bruxelles, 1965 ;

Kwame Krumah, *La lutte des classes en Afrique*, Prés. afr., Paris, 1972, 111 p.

Osende Afana, *L'économie de l'Ouest africain*, Maspéro, Paris, 1977, 203 p.

Majhemout Diop, *Histoire des classes sociales, op. cit.* ;

Demunter P., *Masses rurales et luttes politiques au Zaïre*, Anthropos, Paris, 1975, 333 p. ;

Lissouba P., *Conscience de développement et démocratie*, NEA, Abidjan, Dakar, 1975, 75 p. ;

Amady Aly Dieng, *Hegel, Marx et Engels et les problèmes de l'Afrique noire*, Sankoré, 1978, 157 p. ;

Youssouf Margane Guissé, *Philosophie, culture et devenir social en Afrique noire*, NEA, 1979, 186 p. ;

Kississou Boma J.-R., *Classes sociales et idéologies en Afrique centrale*, RESP, Brazzaville, 157 p. ;

Babacar Sine, *Le marxisme devant les sociétés africaines contemporaines*, Prés. Afric., Paris, 1983, 198 p., etc.

« L'existence des classes sociales requiert fondamentalement les conditions suivantes :

a) l'apparition de la propriété privée des moyens de production et d'échange ;

b) l'existence habituelle d'un surplus de production capable de faire vivre d'autres personnes que les producteurs eux-mêmes ;

c) l'accaparement de ce surplus par des non-producteurs ;

d) une certaine stabilité de ces rapports, leur permanence à travers les âges (13). »

A ce propos, peut-on assimiler les conflits sociaux dans le nord du Cameroun précapitaliste aux conflits de classe ? La réponse ne peut être que nuancée dans la mesure où la société nord-camerounaise est essentiellement pluraliste. Du pluralisme ethnique au pluralisme culturel, il n'y a pratiquement qu'un pas. Nous avons déjà vu ce pluralisme entre les animistes eux-mêmes et les musulmans. Ces deux communautés recèlent chacune des déterminismes particuliers.

Aussi, si les animistes ont des contradictions dans leur système de reproduction, elles aboutissent à des conflits qui ne sont pas nécessairement des conflits de classe chez les Mundang et les Tupuri, même si ces contradictions revêtent les formes de contradictions de classe. Car tous les membres des concessions, du chef qui gère la circulation des biens à ses dépendants, sont des producteurs directs. La terre, à l'échelle familiale clanique ou villageoise, est une propriété collective. Elle ne fait pas observer de grands propriétaires fonciers qui seraient aussi propriétaires des moyens de production rudimentaires et d'échange ou de surplus en nature. Les chefs de terre peuvent la distribuer, avec certaines injustices compte tenu de leurs prédispositions personnelles, mais celle-ci ne leur permet pas d'accumuler des bénéfices pour asseoir une puissance économique quelconque. A ce titre, les conflits sociaux dans les sociétés mundang et tupuri précapitalistes ne sauraient être conçus comme des conflits de classe dans le nord du Cameroun. Ce sont des affrontements entre certaines catégories sociales. C'est d'ailleurs aussi l'un des aspects qui ont permis facilement les dominations étrangères (musulmane et européenne) de ces sociétés animistes. Faute d'une classe fortement structurée, consciente de ses intérêts, leurs conquêtes par les autres, malgré les oppositions qu'elles ont connues, se soldèrent par des succès.

(13) Afana O., *op. cit.*, p. 109.

Au contraire, chez les Guiziga et les Guidar, les conflits sociaux de nature inter-clanique ou inter-tribale dessinent les conflits de classe. Nous avons vu que le clan Muturwa-Bui dont les chefs sont les ngi-bui a évincé celui de Muturwa-Mukura. Ce conflit politique a revêtu des formes de la lutte de classes. Les ngi-bui étaient effectivement au bas de l'échelle sociale : producteurs directs du clan dominant Mukura qui prélevait sur eux diverses dîmes et redevances en nature, qui monopolisait toutes les terres à son compte. Or, les Guiziga sont de grands agriculteurs. Pontie le dénote clairement : les Guiziga sont des agriculteurs, ils élèvent rarement le bœuf. Leur problème est donc celui des terres (14). Le renversement de la situation opéré par le clan des ngi-bui obéit aux lois de la dialectique entre le maître et l'esclave. Les conflits sociaux qui s'ensuivent reflètent les conflits de classe.

De même, dans la société guidar, les conflits sociaux partant des guerres inter-tribales expriment une forme spécifique de lutte de classes. L'ethnie guidar s'est retrouvée brutalement confrontée à la domination peule (15) avec d'autres tribus païennes voisines, les Daba et les Fali. La domination peule a été génératrice de nouveaux rapports de production. Les Guidar et leurs voisins sont devenus leur principale force de travail. Mais si les rapports de production sont verticaux (exploiteurs-exploités) ils sont également horizontaux (exploités-exploités):

> « Les rapports de production sont les rapports sociaux de production ; en tant que tels ils recouvrent à la fois les rapports entre les producteurs directs et leurs exploiteurs et les rapports entre les producteurs indirects eux-mêmes : rapports d'exploitation d'un côté, rapports de coopération de l'autre. Ceci est vrai non seulement dans le cas capitaliste (où le rapport d'exploitation s'appelle plus-value) mais dans tout autre cas (16). »

Les rapports de coopération se sont plus manifestés ici entre les Guidar eux-mêmes qu'entre leurs tribus voisines. C'est ainsi que les Guidar captifs ou faits esclaves dans leur propre territoire luttaient contre les castes supérieures des Fulbé mais aussi, ailleurs, luttaient contre les tribus voisines qui se réfugiaient dans leurs communautés à des fins de domination. Les sociétés guidar

(14) Pontie G., « Intérêts et limites de la référence au cadre villageois pour l'étude d'une société rurale : les Guiziga », *in op. cit.*

(15) Voir Lestringant J., *Les pays de Guider, op. cit.*

(16) Rey P.-Ph., « Contradictions de classes dans les sociétés lignagères », *Dialectiques, op. cit.*, p. 117.

consacrent ainsi deux fronts de lutte de classes : contre l'envahisseur peul devant lequel elles devenaient esclaves et contre les réfugiés daba et fali qu'ils réduisaient à la même situation que les Peuls leur imposaient. Là où les Guidar s'installaient victorieusement et en sécurité comme à Bidzar, Lam, Guider, des aristocraties s'élevèrent ayant pour principale force productive les Daba et les Fali. Ces aristocraties connurent des esclavagistes alliés aux castes musulmanes peules où ils livraient des jeunes Daba et Fali. Les conflits entre les Guidar, les Daba et les Fali devinrent ainsi de véritables conflits de classe.

Chez les animistes précapitalistes, la nature des conflits sociaux est ainsi diversifiée. Si les Guiziga, les Mundang et les Tupuri peuvent aussi être considérés comme haabé (esclaves « païens » des Peul), c'est que partout où les conquêtes peules se sont déroulées dans la plaine de Kaélé et de Guidiguis il y eut effectivement des luttes de classes à l'instar de la situation vécue par les Guidar. Mais compte tenu de la spécificité de ces conquêtes dans chaque groupe ethnique en termes historiques (ces conquêtes touchent radicalement Kaélé, Guidiguis, Maroua au début de ce siècle alors que bien avant, elles battent déjà leur plein chez les Guidar, les Daba, les Fali aux bordures de la Bénoué), nous conférons le caractère de lutte de classes aux conflits sociaux relatifs aux conquêtes peules dans la société guidar précapitaliste.

Ainsi d'un côté des animistes (Tupuri, Mundang), les conflits sociaux précapitalistes sont de nature intercatégorielle-sociale et de l'autre (Guiziga, Guidar), ils configurent les données d'une lutte de classes se matérialisant soit par un conflit clanique, soit par un conflit tribal. Qu'est-ce qui donne la coloration de conflit de classes à un conflit clanique ou tribal ici ? Deux arguments essentiels : les rapports sociaux et la quête du contrôle d'une certaine « historicité » (17).

Le conflit entre le clan Muturwa-Bui et Muturwa-Mukura, malgré le peu d'informations que nous avons pu collecter à ce propos chez les Guiziga, est la conséquence des rapports sociaux économiques, politiques et idéologiques connus par les deux clans. La prise du pouvoir par les ngi-bui est caractéristique de la lutte des classes en tant qu'essentiellement lutte politique. Cette dernière a un objectif : le contrôle de l' « historicité » de la communauté Guiziga par les ngi-bui. De même s'observe le conflit Peul-Guidar. En dernière instance, l'objectif peul dans le nord du

(17) Cette notion est d'A. Touraine, voir *Pour la sociologie*, *op. cit*.

Cameroun a un aspect fondamental, l'extension d'une domination idéologique, politique et économique. Les Guidar luttent contre les Peul, les Daba, les Fali à des fins politiques de gestion de leur « historicité ».

Les mêmes observations se superposent aux sociétés musulmanes, connaissant originellement des faits liés aux castes, ordres sociaux et à l'esclavage. Les conflits entre les captifs et les hommes libres ou les seigneurs féodaux exacerbés par la cohabitation inter-ethnique configurent de vrais conflits de classes. Ceci s'explique par le fait que leur système de reproduction repose sur une forme élargie : elles puisent leur principale force de travail chez les haabé ou kirdi, les non musulmans. Leurs grands chefs, laamibé, imposent à ces derniers le paiement des dîmes ou des redevances en nature. En partageant la terre, propriété collective, ils tombent dans des abus d'autorité. Osendé Afana, parlant des classes sociales dans l'Ouest africain précapitaliste évoque leur cas :

> « Tel fut à l'origine, le cas des laamidos du Cameroun du Nord (...). C'est à force de répartir la terre et d'en diriger la mise en valeur qu'ils ont fini par en usurper la propriété, par imposer aux paysans des redevances en journée de travail en fractions exorbitantes de la récolte (...) (18). »

Ce système de reproduction a été source de conflits de classes entre musulmans et animistes qui, comme nous le disons plus haut, est la quatrième composante de la lutte des classes dans les sociétés ouest-africaines précapitalistes de Majhemout Diop (19). Ces luttes dans notre zone d'étude se sont ressenties fortement entre les Fulbé et les Guidar à Bidzar, Lam, Guider, entre les Mandara, les Mofu, les Mafa, les Gemjek, les Podoko aux environs de Koza et de Mora.

Au départ, la société peule recèle des classes bien distinctes. J. Lestringant le note sans ambages au nord du Cameroun (20). Les hommes libres et les esclaves y constituent les deux classes essentielles. Le développement de ces classes par des guerres déjà évoquées n'a obéi qu'à la logique de leurs luttes.

(18) Osende Afana, *op. cit.*, p. 111.

(19) Diop M., *L'histoire des classes sociales en Afrique de l'Ouest - 1 Le Mali*, *op. cit.*, p. 66.

(20) Lestringant J., *op. cit.*

A Mora, il ne serait pas erroné de dire qu'en même temps que les montagnes et leurs habitants (haabé) symbolisent le refuge, ils constituent les vestiges des conflits de classes connus dans cette zone entre musulmans et païens dans le Nord Cameroun précapitaliste.

Les conflits sociaux dans le nord du Cameroun précapitaliste présentent donc des formes de lutte entre certaines catégories sociales et celles des luttes entre certaines classes déjà existantes. On ne comprend pas les conflits sociaux actuels sans tenir compte d'elles. Notre analyse ayant révélé que dans le cadre des situations frontales inter-claniques ou inter-tribales, nous étions devant les conflits de classes ; et le système lamidal étant même le produit d'un conflit inter-ethnique, les conflits sociaux actuels ne s'entendent donc théoriquement qu'en termes de conflits de classes. Ceci renvoie à l'examen de la dynamique des classes et de leurs luttes dans le nord du Cameroun.

IV — LES CONFLITS SOCIAUX ACTUELS : LES NOUVELLES CLASSES SOCIALES ET LEURS LUTTES

L'examen des conflits sociaux dans le nord du Cameroun précapitaliste nous a permis de comprendre de façon interne ses sociétés. Elles ont toutes connu des conflits sociaux même si certains de ces derniers n'étaient pas des conflits de classe. Ceci nous permet de situer la dynamique sociale dans un cadre tenant compte de tous les facteurs (internes et externes). Cette dynamique n'est autre que la dynamique des classes car les sociétés animistes mundang et tupuri qui en étaient dépourvues les connaissent actuellement dans le système lamidal. Là où elles existaient, elles se sont exacerbées dans leurs contradictions. C'est donc une dynamique des classes dans une formation sociale, nous le répétons, spécifique, qui n'a rien à voir avec l'évolution des classes dans une société post-industrielle. Dans son introduction aux travaux du VIe colloque de l'association internationale des sociologues de langue française évoquée plus haut, Balandier dit ceci :

> « La dynamique des classes dans les pays en voie de développement a des caractéristiques qui lui sont propres et que nous devons mettre en évidence (21). »

(21) Balandier G., in *op. cit.*, p. 11.

Afin de savoir ce qui fait la propriété de cette dynamique, il convient de replacer la formation sociale étudiée dans un contexte global, la mettant en rapport avec l'extérieur.

Aussi verrons-nous que les facteurs de la dynamique des classes dans le milieu rural nord camerounais actuel se ramènent à deux, tout comme au niveau des nouvelles stratifications dont nous avons déjà parlé. Les classes actuelles ne sont qu'une conséquence de ces nouvelles stratifications sociales.

Leurs facteurs de dynamisation sont :

a) l'islam et le commerce,

b) la prédominance du mode de production capitaliste et la culture cotonnière.

A) L'islam et le commerce

L'islam et le commerce ont contribué à la formation de nouveaux groupes privilégiés, notamment chez les Mundang, les Tupuri, les Mada, etc. où ils n'existaient presque pas. Chez les Guiziga, les Guidar, les Fulbé et les Mandara, ils ont développé des aristocraties dont la puissance économique est actuellement incontestable. Ces groupes et ces aristocraties sont d'abord constitués des laamibé. Ceux-ci sont des véritables « sommités des élites » dans le système lamidal.

Nous observons les laamibé dans le nord du Cameroun à partir d'une certaine poésie peule. Dans un poème consacré au laamido de Kaélé, Bouba Jarida évoque ces vers :

> «(C'est) le chant de l'Européen de Kaélé en «France». Il est député. J'ai entendu cela au pays de Mallé (...)
> Assurément, il détient les clefs des trésors, ce trésor, je l'ai vu est tout de monnaie non de pièces d'étoffes.
> Lits, matelas, ai-je vus (sic) sont cousus avec de l'or (22) ».

Un autre poème abonde en ce sens. Il s'agit de Mohammoudou Moddibo Aliou :

> « Des bouches bâillonnées suffoquaient. Mais les bedaines repues bâillaient.
> Elles haletaient.
> Elles se précipitaient sans honte ni vergogne.

(22) Jarida B., « Sur le chef de Kaélé », in P.-F. Lacroix : *Poésie peule de l'Adamawa*, tome premier, Juillard, Lacroix et Institut d'Ethnologie, 1965, 377 p., pp. 168-177.

Les canines tirées, taillées à l'aiguillon de leur cupidité
et éclatant de toute la blancheur de leur bêtise.
Elles se précipitaient, s'élançaient dans une course folle.
Ne souffrant d'autre écho que celui de leur galop.
Vers les clochers parés de fortunes inespérées (23). »

Les extraits de ces deux poèmes présentent un profil sociologique des grands chefs musulmans. Ce profil se confine dans une réalité qui n'est autre que la puissance économique des laamibé, les richesses qu'ils accumulent et par contrecoup, les parias de la société qu'ils créent en leurs sujets, les paysans.

Nos enquêtes sur la chefferie traditionnelle dans le nord du Cameroun révèlent comment, à partir de l'islam et du commerce les laamibé arrivent à asseoir une puissance économique. Nous avons dénoté au départ que la contradiction n'existait pratiquement pas entre ces deux phénomènes. L'islam par le système de la djakka et les diverses taxes déjà évoquées permet aux laamibé d'accumuler efficacement des biens matériels. Le prestige dont ils jouissent au sein de la société leur donne accès à des fortunes.

Dans le Mayo-Uldémé dans la plaine de Mora, le laamido demande à chaque paysan de lui verser 100 F CFA ; sur trois mille habitants, il a facilement une somme de 300 000 F CFA. Le même laamido est payé par l'administration à près de 300 000 F CFA, sinon plus. Il est par ailleurs un grand commerçant. Cette situation est presque connue de tous les laamibé. Rien donc qu'au niveau de l'islam, les laamibé ont dans leurs revenus une diversité de composantes. C'est grâce à l'islam qu'ils sont alliés à la classe politique nationale qui, en reconnaissant leur rôle au niveau des villages, leur offre en retour des salaires élevés. C'est grâce à l'islam qu'ils sont des grands commerçants. Au niveau de l'islam, ils disposent de trois sources de revenus qui sont : le salaire, les prélèvements inhérents aux structures religieuses et sociales, le commerce. Ces sources de revenu connaissent un accroissement ou mieux se diffusent avec le mode de production capitaliste et la culture cotonnière.

(23) Aliou M.-M., « Sur les chemins de la Saiira », in Paul Dakeyo : *Poèmes de demain, anthologie de la poésie camerounaise d'expression française*, Silex Éditions, Paris, 1982, 286 p., p. 34.

B) La prédominance du mode de production capitaliste et la culture cotonnière

L'étude de la dynamique des groupes sociaux dans la région ne peut se comprendre sans tenir compte de la prédominance du mode de production capitaliste amenée par la culture cotonnière comme culture d'exportation. Aux sources de revenu évoquées plus haut, il faut donc ajouter cinq autres liées inextricablement à la culture du coton. Il y a :

1) celle que nous pouvons appeler revenu cotonnier,
2) les royalties,
3) les primes d'encouragement,
4) la rente foncière,
5) les échanges liés aux matériels attelés.

1. Le revenu cotonnier

En effet, les laamibé sont des grands planteurs investisseurs producteurs indirects de coton. Chaque campagne agricole leur procure donc, comme au reste des paysans, des revenus provenant de leurs champs. Le procès de travail dans ceux-ci configure trois groupes de travailleurs : les salariés agricoles, les villageois dans ce qu'on appelle « journée de travail chez les chefs », les esclaves ou captifs. La force de travail qui contribue ainsi au revenu cotonnier chez les laamibé est essentiellement étrangère et consacre de véritables rapports de production entre producteurs directs et producteurs indirects. Ici s'observe une sorte d'appropriation du travail d'autrui dans la mesure même où ce sont des étrangers ou les autres qui accomplissent le travail. Ce n'est donc pas la force de travail propre du laamido qui lui procure le revenu, mais celle des autres. Le revenu cotonnier du laamido implique ainsi d'une part les rapports de salariat, d'autre part les rapports serviles et les rapports féodaux.

2. Les royalties

En 1978, sur chaque kilogramme de coton entrant dans le tonnage produit par un lamidat, le laamido percevait une royaltie de 0,33 F CFA. Ce chiffre et ce phénomène n'ont pas disparu aujourd'hui. Ils ont même connu une évolution sensible. La conséquence d'un tel phénomène au niveau du revenu lamidal ne peut être que le gonflement de celui-ci. Les royalties définissent et garantissent des nouveaux « salaires » aux laamibé.

3. Les primes d'encouragement

Les primes d'encouragement sont allouées aux laamibé par la sous-préfecture. Elles sont liées aux activités du coton. Le laamido qui, durant la campagne cotonnière, réussit à faire faire plus de pistes pour l'achat et l'écoulement du produit en ville partant des marchés de village de brousse a droit à cette prime qui n'est autre qu'une certaine somme d'argent. Les pistes en question consistent en des allées par lesquelles passent les camions SODECOTON, défrichées ou débroussées par les paysans pour faciliter le transport du coton-graine.

4. La rente foncière

A force de distribuer les terres et d'en contrôler leur mise en valeur, les laamibé sont devenus des grands « propriétaires » fonciers. Ils ont fini par en usurper le droit de propriété qu'ils n'ont jamais eu sur elles. Avec l'avènement de la culture du coton, le droit de gestion sur la terre est devenu quasiment le « droit » de « propriété ».

Par conséquent, le paysan ressource le trésor du laamido par un certain nombre de phénomènes partant de l'accès à la terre. Financièrement par les locations, leurs achats. Naturellement par des prestations s'exprimant en des dîmes alimentaires, différents tributs. La terre devient ici une véritable source de revenu pour le laamido.

5. Les échanges liés aux matériels attelés

Les échanges liés aux matériels attelés obéissent aux lois du profit et ne peuvent s'entendre qu'en termes commerciaux. La location des matériels attelés aux paysans qui en sont dépourvus permet aux laamibé d'accroître leurs revenus.

Les huit sources de revenu examinées dans le cadre de l'islam et de la culture cotonnière situent les laamibé dans un véritable rapport de classes dans leurs relations sociales avec le reste des paysans. Ils constituent effectivement une véritable classe sociale dont dépend toute la dynamique des classes en milieu rural. Détenteurs de tous les moyens de production et d'échange, les laamibé constituent dans le Nord Cameroun une bourgeoisie rurale (24) influençant le développement rural. Ce dernier devient même pour eux une source d'approvisionnement en richesses matérielles. Partant d'eux, une typologie de classes se dessine en milieu rural.

Cette typologie est fonction de la répartition d'acteurs sociaux du développement rural faite plus haut. Aussi au niveau d'acteurs strictement lamidaux avons-nous :

— les grands ordres sociaux,
— les « laboureurs »,
— les petits planteurs,
— les salariés agro-pastoraux,
— les paysans sans terre,
— les esclaves et les serviteurs.

• **Les grands ordres sociaux (les laamibé)**

Ils rassemblent tous les grands chefs islamisés qui sont également des grands planteurs investisseurs, des parlementaires et des commerçants. Dans la plaine de Mora, J.-M. Ela observe cette classe à travers l'un de ses membres, le chef de Makalingaï:

> « Le chef de Makalingaï, dit-il, a gardé toute la plaine de Tokombéré, d'une extrême richesse, où toute une hiérarchie de chefs de quartiers et de villages s'enrichit des locations des terres aux païens ; la zakkât permet au chef de mener un train de vie seigneurial (25). ».

Ce qui fait la spécificité de cette classe est la position qu'elle occupe en milieu rural entre les paysans et les acteurs extra-lamidaux. C'est elle qui permet le cloisonnement des rapports sociaux entre les paysans et les acteurs extra-lamidaux, tout en les régulant. C'est ce que Perry Anderson a appelé « classe corporative » et N. Poulantzas « classe appui » (26). En effet, cette classe de grands chefs islamisés se trouve au sein d'une totalité qu'elle ne contrôle pas, car elle appuie les classes extra-lamidales dont nous

(24) Dans ce texte, les termes aristocratie et bourgeoisie signifient la même chose : un groupe d'hommes détenteur de tous les moyens et facteurs de production, puis propriétaire du surtravail des salariés agro-pastoraux.

(25) Ela J.-M., *Structures sociales traditionnelles et changements économiques*, *op. cit.*, pp. 224-225.

(26) *In* Poulantzas N., *Pouvoir politique et classes sociales, II*, Maspéro, Paris, 1971, 196 p.

parlerons plus loin. Mais à l'intérieur de cette totalité, elle poursuit ses propres intérêts. Les fonctions socio-économiques et politiques, voire idéologiques qu'elle assume lui sont dictées d'en haut et liées aux intérêts particuliers des classes supérieures. En dernière analyse, c'est une classe clientéliste.

• **Les « laboureurs »**

Ils constituent la classe aisée des *haabé* descendus en plaine et de ceux des plaines.

Parmi eux se trouvent plusieurs « païens » islamisés. A force de louer les terres auprès des grands chefs islamisés, ils ont fini par avoir des revenus cotonniers réguliers. C'est en fait une classe moyenne en milieu rural qui mime les modèles musulmans. Elle n'est pas, comme on peut le croire, propriétaire des moyens de production et d'échange ; elle procède le plus souvent aux locations de ceux-ci chez les grands chefs musulmans.

L'évolution des laboureurs est liée à la culture cotonnière. Dès la descente des montagnards en plaine, la Semnord (Section d'Étude et de Modernisation du Nord Cameroun) a procédé à des prêts de matériels agricoles aux cultivateurs de coton. La plupart de ces derniers se sont toujours trouvés incapables de rembourser les dettes consenties. Seule une catégorie de planteurs rassemblant des producteurs directs et indirects arrivaient à honorer les engagements contractés : il s'agit des « laboureurs ». La Semnord ayant adopté une attitude qui restreignait la liberté des producteurs, ces derniers ont préféré se vouer aux transactions avec les chefs islamisés, notamment dans les deux plaines de Mora et de Kaélé.

• **Les petits planteurs**

Ils ont fait l'objet d'une large présentation plus haut. Leur importance dans la typologie de classes proposée est que la plupart de leurs membres peuvent se retrouver dans le salariat agricole, voire chez les paysans sans terre. Il y a en eux une mobilité dont l'impact peut avoir une dimension historique dans la formation sociale. Ils constituent ce que nous pouvons appeler un sous-prolétariat.

• **Les salariés agro-pastoraux**

Cette catégorie d'agriculteurs liée à la descente des montagnards en plaine, elle-même liée aux besoins d'approvisionnement de la culture cotonnière en main-d'œuvre, est répandue dans tout le Centre-Nord (27) actuellement.

A Guider, ce sont les Fali, Goudé, Mundang, etc. non musulmans qui travaillent chez les grands planteurs de coton. Dans le village de Dourbeye se trouvent aussi quelques migrants venus du Nigéria.

Dans la plaine de Kaélé et de Mora, le salariat agricole s'est tellement diffusé qu'il se pratique actuellement en dehors des formes classiques qui le faisaient observer uniquement chez les musulmans. Entre les animistes eux-mêmes, le salariat agricole a déjà pris des proportions dimensionnelles configurant le processus d'une véritable prolétarisation paysanne.

Nous avons vu plus haut les différents salaires revenant à ces manœuvres agricoles. Leur seuil inférieur avive les disparités de revenu en milieu rural, consolide les inégalités criantes entre producteurs directs et indirects. Dans le Centre-Nord, le salariat agro-pastoral est le témoignage des écarts entre les catégories de planteurs de coton liés à la conception globale du développement rural et aux nouvelles disparités sociales qu'il induit en milieu villageois. Il est également le fait probant des dynamismes sociaux résultant d'une politique agricole fondée sur le libéralisme planifié qui ferme quasiment les yeux sur les spéculations foncières, les injustices créées par une bourgeoisie rurale, clientèle de la classe dirigeante.

• **Les paysans sans terre**

Nous avons largement parlé de ce groupe dans les nouvelles stratifications. Ce qui fait la particularité de cette classe est qu'elle se constitue à la fois des jeunes et des adultes dépourvus de terre. C'est la classe dont les membres ressourcent auprès des ordres ou des castes supérieurs composés de grands planteurs en devenant une main-d'œuvre salariale. C'est aussi la classe où l'on retrouve des paysans prêts à émigrer.

L'existence des paysans sans terre est tout simplement due à la mainmise et aux spéculations foncières auxquelles ils sont confrontés partant de l'action conjuguée des grands ordres sociaux et de la SODECOTON. Ils rentrent aussi dans le sous-prolétariat.

(27) Le Centre-Nord se localise entre une partie de la province du Nord (Guider) et celle de l'Extrême-Nord (Mora). Mais il rentre en grande partie dans l'Extrême-Nord.

• **Les esclaves et les serviteurs**

Ils constituent une classe dont les activités ne se limitent plus à l'intérieur des concessions. Ils font du gardiennage, débroussent, repiquent, etc. La pluralité d'activités amenée par la culture du coton a contribué à diversifier leurs activités auparavant monolithiques. Leur importance dans notre typologie de classes relève du rôle important qu'ils jouent dans la production agro-pastorale.

Au niveau des acteurs sociaux lamidaux, c'est ainsi que nous pouvons présenter la typologie des classes sociales rurales dans l'Extrême-Nord. Au sommet, les grands ordres ou castes composés des laamibé se trouvent à chaque coup en contradiction avec les autres classes au bas de l'échelle. Mais on ne comprend pas la trame des conflits de ces classes sans les mettre en rapport avec les classes supérieures auxquelles participe celle des grands chefs islamisés. Ceci amène à évoquer les classes produites par des acteurs extra-lamidaux en alliance avec celle qui se trouve au sommet en milieu rural.

V — LES CLASSES EXTRA-LAMIDALES

Elles sont au nombre de deux :

a) les technobureaucrates de l'Office céréalier et de la SODECOTON et la classe dirigeante de l'État camerounais ;

b) les capitalistes des sociétés industrielles du Centre.

A) Les technobureaucrates de l'Office céréalier et de la SODECOTON et la classe dirigeante de l'État camerounais

Ce sont des administrateurs des organismes d'intervention en milieu rural. Ils se constituent des responsables des services administratifs chargés de contrôler, de réguler et d'orienter les actions relatives au développement rural. En outre, ils s'occupent de la gestion financière et fiscale selon la politique du gouvernement. On a donc ici des cadres de l'administration, des chefs de services et des directeurs extrêmement liés à la classe dirigeante de l'État camerounais.

Celle-ci regroupe notamment le chef de l'État, des ministres, des secrétaires généraux des ministères, des parlementaires, des hommes d'affaires. La plupart des ministres sont des présidents des conseils d'administration des organismes d'intervention en milieu rural. La dynamique de cette classe est liée aux diverses fonctions des institutions de l'État vis-à-vis de l'agriculture en général (28).

B) Les capitalistes des sociétés industrielles du Centre

Ils se constituent notamment des industriels et hommes d'affaires étrangers d'origine occidentale, des bailleurs de fonds, des acheteurs étrangers de produits agricoles, etc.

Ce qui spécifie les classes extra-lamidales est qu'elles ne sont directement en interaction qu'avec leur classe-appui lamidale qui touche directement les paysans. Leur vrai rapport avec les classes inférieures n'est qu'un rapport d'extorsion du surplus de leur production.

En fait, les classes extra-lamidales trament tous les rapports sociaux avec la société internationale où la production cotonnière est écoulée.

La société internationale est en interaction avec les paysans par le canal des rapports entre la SODECOTON et les laamibé.

C'est cette interaction qui, à l'heure actuelle, avive les contradictions de classe en milieu rural.

Ceci parce que le système de reproduction de la société capitaliste internationale repose sur le modèle des sociétés capitalistes industrielles, le modèle élargi qui n'est pas en contradiction avec celui de reproduction de l'autre classe extra-lamidale et celle des laamibé. Celui des classes paysannes en-dessous des ordres sociaux ou chefs islamisés repose au contraire sur le modèle simple ayant pour objectif la reproduction de la force de travail chez les producteurs directs dans les saaré. Or, que ces classes travaillent pour les grands planteurs locaux est un fait, mais elles produisent en dernière instance pour la société capitaliste internationale où le coton égrené est finalement écoulé.

Malgré la fonction régulatrice (dont nous parlerons plus loin) des laamibé, les classes inférieures sont en situation contradictoire et conflictuelle avec les classes supérieures dans l'Extrême-

(28) Alain Birou a fait une classification de ces fonctions dont, entre autres, celle de politique agricole globale dans la politique économique du pays, la politique de planification agricole et régionale dans le plan national, in *Forces paysannes et politiques agraires en Amérique latine*, Éditions Ouvrière, Paris, 1970, 245 p., pp. 237-238.

Nord par deux phénomènes matérialisant les conflits de classe : les conflits fonciers et les conflits coton-vivrier.

C) Les nouvelles formes des luttes de classes : les conflits fonciers comme conflits de classe

Nous avons vu que l'accaparement des terres par la classe lamidale est déjà un fait consacré : « la propriété » foncière est ainsi synonyme d'appartenance à la religion musulmane. Le dépouillement d'une enquête relative au statut et à la position religieuse des paysans dans les deux plaines de Kaélé et de Mora fait ressortir que les grands chefs islamisés détiennent 95% de bonnes terres et qu'ils sont propriétaires des champs de coton de 14 hectares et plus. Et J. Boutrais de remarquer que :

> « tel chef de canton fait cultiver chaque année plus de 10 hectares de coton par des gens sur les terres les plus riches de son secteur, comme les rendements y dépassent en année moyenne 1 000 kg par hectare, il en retire plus de 300 000 francs chaque année. Les revenus obtenus par le coton permettent aux chefs de maintenir un train de vie à la hauteur de la tradition (29). »

L'appartenance à l'islam déterminant ainsi la « propriété » foncière pose sociologiquement un conflit de classe se traduisant plutôt par un conflit foncier. Le rapport entre le chef musulman et le salarié agricole sur le paysan sans terre a pour solde sociologique la dépossession du second par le premier. Le salarié agro-pastoral le devient par manque de terre. Et la terre lui manque parce qu'il n'est pas musulman. Dans notre échantillon, aucun musulman ne se retrouve dans le salariat agro-pastoral. Ceci pose un problème au paravent ethno-religieux. Les musulmans sont généralement les Fulbé, les Mandara, les Bornuan, les Arabes choa. Les non musulmans, les Kirdi. Le refus de la terre à ces derniers configure en milieu rural un conflit ethno-religieux.

Or, nous avons vu que les conflits musulmans-non musulmans s'entendent d'abord dans des rapports sociaux qui leur donnent la coloration de conflits de classe. Dans la mesure où l'islamisation des uns va de pair avec l'embourgeoisement et la non-islamisation des autres avec la paupérisation, les luttes socio-économiques des uns et des autres matérialisent des luttes de classes. Les conflits fonciers ne font dès lors que se superposer à elles en milieu rural.

(29) Boutrais J., « Compétition foncière et développement », *op. cit.*, p. 71, (Voir annotation au bas de la page).

Ceci se traduit concrètement par le fait que dans la plaine de Mora, quarante-cinq mille montagnards descendent en 1970. Le projet a pour objectif de résoudre le problème de la pression démographique dont les montagnes sont victimes, mettre en valeur les terres vacantes en plaine, même si, en filigrane, il s'agit de trouver à la culture cotonnière une abondante main-d'œuvre qui ne coûte pratiquement pas cher. Les montagnards kirdi descendus se trouvent confrontés aux musulmans mandara, bornuan, arabes choa. Des redevances en espèces et en nature traduisant un conflit foncier leur sont imposées. Au bout de quelque temps seulement, la marginalisation des montagnards en plaine les pousse à regagner les massifs. Malgré les nouveaux essais de Doulo-Ganay, le mouvement de colonisation échoue.

Cet échec, Boutrais le confine uniquement aux problèmes fonciers :

> « Le régime foncier commande dans une grande mesure les chances de succès ou d'échec d'une colonisation agricole (...). Dès qu'une colonisation agricole se produit dans une région déjà occupée, même faiblement, par des gens en place dotés d'une cohésion sociale ou ethnique, ceux-ci tendent à imposer aux nouveaux venus un droit foncier qui englobe la plupart des terres, même si elles ne sont pas effectivement mises en valeur (30). »

A notre avis et selon nos enquêtes à Mora, il n'y a pas qu'un problème foncier. Celui-ci n'est que l'expression d'un syncrétisme de contradictions propres au milieu sociologique dont la matérialisation profonde est une lutte de classes. Le retour brusque des montagnards dans les massifs ne se comprend qu'en interrogeant le type de rapports sociaux qu'ils entretiennent avec les musulmans et qui s'inscrit dans la logique des relations peul-kirdi ou musulmans-animistes dans le nord du Cameroun depuis la société précapitaliste dont nous avons déjà parlé. Un autre cas atteste cette forme de lutte de classes.

Dans le Nord-Est Bénoué, une autre expérience de colonisation des terres est actuellement en cours. Elle connaît trois phases dont la première a duré de 1974 à 1978, la deuxième de 1978 à 1981, la troisième a débuté en 1982 et doit se terminer à la fin du Ve plan.

La première phase a connu une installation de douze mille animistes contre dix mille prévus, la deuxième, mille animistes.

(30) Boutrais J., *op. cit.*, p. 89.

Treize mille animistes sont donc en principe installés actuellement dans le Nord-Est Bénoué qui couvre une superficie totale de 11 200 km² en pleine zone dominée par les Fulbé. Les animistes qui s'y installent sont essentiellement originaires des plaines de l'Extrême-Nord et des montagnes. Nous en avons recensé certains départs plus haut.

L'installation des animistes dans les zones musulmanes s'accompagne d'un certain nombre de problèmes où les problèmes fonciers rejaillissent à l'instar de la plaine de Mora. Les frictions entre les Tupuri et les Fulbé renvoient les premiers aux lieux d'origine. Il en est de même des autres animistes. Interrogeant certains paysans de Boboyo : « L'administration veut que nous les animistes travaillions pour les Fulbé » répondirent-ils.

En effet, les mouvements de colonisation des terres dans le nord du Cameroun semblent s'inscrire pour les animistes dans la logique de reproduction classique des cités peules où ils ont toujours constitué la force de travail des musulmans. Deux faits militent en faveur de cette thèse :

1) les colonisations des terres dans le nord du Cameroun ne se font que dans les zones dominées sociologiquement par les musulmans (plaine de Mora, Nord-Est Bénoué) ;

2) ces colonisations impliquent toujours et nécessairement les déplacements des populations « païennes » vers les zones d'accueil musulmanes.

Car les déplacements des animistes vers les régions dominées par les musulmans créent des syndromes psychologiques aiguisant potentiellement les conflits séculaires entre ces deux groupes. Les colonisations des terres par les animistes en ces zones constituent des cadres mnémoniques de réinterprétation de leur situation de dominés et de réinvention de nouveaux conflits. La culture du coton à laquelle s'attèle la nouvelle main-d'œuvre (31) contribue à cristalliser les différenciations socio-ethniques dont les conflits générateurs sont dans le cas spécifique du Nord Cameroun une certaine forme des conflits de classe.

(31) Dès la première installation des douze mille migrants dans le Nord-Est Bénoué, la production cotonnière est passée de 1 316 tonnes en 1974 à 2 986 tonnes en 1978.

D) Les conflits coton-vivrier comme forme d'expression de conflits de classe

Ceux-ci se transposent de la même manière au niveau du coton et du vivrier. Les conflits coton-vivrier méritent d'être replacés dans un schéma de représentations paysannes montrant le rôle de la pensée dans la production sociale ou des rapports sociaux afin de pouvoir saisir leurs colorations de conflit de classe. Pour le paysan, le coton représente d'abord l'argent. Par conséquent, il est le symbole des changements socio-économiques vécus par lui. Par ce biais, le coton implique pour lui la civilisation industrielle ayant amené d'autres formes d'impôts et de taxes. En outre, le coton est ce qui sort du saaré. Or les cultures vivrières symbolisent la civilisation agraire, l'autoconsommation, la survie. Contrairement au coton, elles sont ce qui reste dans le saaré afin de nourrir les membres de ce dernier.

Les conflits coton-vivrier sont analysés par nous ailleurs (32). Nous ne revenons donc plus sur leurs diverses formes. Nous saisissons ici leurs impacts sociologiques au niveau de la typologie de classes déjà présentée afin de voir comment ils informent un certain type de lutte de classes en milieu rural.

Nous voyons donc que derrière le coton et malgré sa culture par des classes rurales inférieures, se cachent notamment les classes supérieures : la société capitaliste internationale, la technobureaucratie et la classe dirigeante camerounaise, enfin les grands chefs islamisés. La concurrence entre le coton et les vivriers qui se situe à tous les niveaux (surface en hectares, calendrier agricole, techniques agricoles, rendement et revenu, etc.) est perçue par les paysans comme une menace contre leur sécurité par les classes supérieures. Aussi à l'heure actuelle, la culture du coton dans le Nord Cameroun dépend des succès ou mieux des surplus obtenus en muskwari. Les paysans se livrent résolument à la culture cotonnière quand la campagne précédente leur a été particulièrement favorable en sorgho. Ils ont besoin d'une tonne de céréales, pour pouvoir remplacer le coton, la campagne 81-82 a satisfait à cet idéal. On estime que, les céréales ayant produit 400 à 1 200 kg/ha,

(32) Voir Motaze A., *Structures agraires et culture cotonnière dans le nord du Cameroun : la plaine de Kaélé-Guidiguis et de Mora, ou Interventionnisme en milieu rural et marginalisation paysanne au Cameroun*, Communication présentée au Séminaire International sur les *Organismes d'intervention en milieu rural dans le processus de développement*, Dschang, 15-21 juillet 1984, 27 p. mutl.

les paysans sont arrivés à « l'autosuffisance alimentaire ». Ceci explique qu'en 82-83, les greniers étant pleins, il y a eu beaucoup de coton.

Lorsque cet équilibre tend à se briser, l'exacerbation des antagonismes de classes prend le pas sur le conflit apparent coton-sorgho. En 1980-81 à Léra, dans la plaine de Kaélé, les petits planteurs refusent de semer le coton. Ils réservent les terres louées aux grands chefs islamisés à la culture du mil sous-pluie (djigari) ; ils le sèment dès les premières pluies. Le laamido leur recommande plutôt la culture du coton. Le refus des petits planteurs dégénère en une confrontation avec la chefferie. L'épreuve de force frise une jacquerie. Le laamido recourt à la sous-préfecture qui met à sa disposition les prisonniers et les forces de l'ordre. Les semis du mil des saisons de pluie sont arrachés et remplacés par ceux du coton. Les paysans n'ont qu'une réaction : entamer une vaste migration ves le Nord-Est Bénoué et les autres cantons.

Le problème d'arrachage des semis des cultures vivrières pour les remplacer par les semis de coton est vivement ressenti dans presque tous les lamidats où nous avons séjourné. L'arrachage des semis du vivrier matérialise ainsi non seulement le conflit apparent rentier-vivrier, mais aussi plus profondément, il traduit concrètement une forme de lutte entre les classes supérieures et les classes inférieures en milieu rural. Les classes supérieures exigent impérativement la culture du coton qui leur permet d'accaparer et d'accumuler le surplus paysan. L'arrachage des semis vivriers non seulement obéit aux lois d'expropriation implicite paysanne, mais aussi explique à un niveau crucial les tentatives d'annihilation d'une certaine classe paysanne dont l'ossature est faite d'une majorité des non islamisés et de petits planteurs.

Si les conflits de classe inhérents aux conflits coton-vivrier naissent en général dans ce que nous pouvons appeler conflit de cultures agricoles ou agro-pastorales, nous ne saurions omettre dans ce cadre les formes de lutte de classes que reflètent à leur tour les conflits agriculteurs-éleveurs.

Le schéma classique de ces conflits a souvent opposé les agriculteurs animistes aux éleveurs peuls. Dans les différents cas où ils peuvent être recensés comme à Muturwa, Guidiguis, Tokombéré, Mayo-Uldémé, Mayo-Ulo, ils peuvent friser les conflits de classes lorsqu'on sait les contradictions internes aux sociétés nord camerounaises dont nous avons largement parlé dans la phase précapitaliste.

Mais, à l'heure actuelle, ils se sont diffusés au sein du système lamidal entre les animistes eux-mêmes et les islamisés ; ils donnent effectivement lieu à des luttes de classes en milieu rural. Le développement rural s'accompagne bien ici des différenciations sociales entretenant un flou de frontière avec les luttes de classes. Ce cas

> « conduit à se demander si le développement rural ne s'accompagne pas de façon nécessaire d'une différenciation de la société en groupes inégaux. Le progrès technique se diffuse très rarement à l'ensemble de la masse rurale, si ce n'est de manière indirecte, mais profite d'abord à quelques individus, sortes de leaders, seuls aptes à bénéficier de l'aide apportée au monde rural par les organismes extérieurs (33) ».

Là se pose intégralement le problème du développement rural dans le Nord Cameroun. Ce problème est lié aux conflits sociaux qui, ignorés parfaitement par les planificateurs, contribuent au développement inégal ou mieux au sous-développement rural. Le développement rural, qu'il soit initié par l'Office céréalier ou la SODECOTON, est le champ de diffusion des paramètres externes qui entrent en connexion avec les paramètres internes déjà vus dans la société précapitaliste et qui se cristallisent sur les clivages de départ. Les conflits de classe actuels ne sont que les productions sociales de la société rurale dans un contexte historique consacrant sa dépendance au capitalisme international par le canal des cultures de rente.

Le système lamidal du Nord Cameroun, témoigne ainsi d'une formation sociale foncièrement conflictuelle. On y

> « retrouve toutes les contradictions propres à toute économie marchande et à tout capitalisme (...). La concentration de la production entre les mains d'une minorité, la prolétarisation de la majorité et son exploitation par la minorité qui dispose du capital commercial et qui emploie des ouvriers agricoles, les phénomènes économiques existant au sein de la paysannerie présentent tous sans aucune exception la forme contradictoire qui est la caractéristique spécifique du régime capitaliste, c'est-à-dire qu'ils traduisent tous une lutte et une opposition d'intérêts (34) ».

(33) Boutrais J., *op. cit.*, p. 83.

(34) Schneider M., *Lénine, sur l'économie*, 10/18, Paris, 1978, 508 p., p. 166 et suivantes.

Dans cet ordre d'idées la spécificité des conflits de classe au nord du Cameroun renvoie à la spécificité de la formation sociale elle-même.

Cependant, nous avons vu que la formation sociale lamidale est dominée et dépendante. Ceci ne met donc pas le petit planteur ou les paysans sans terre uniquement en conflit avec les acteurs sociaux lamidaux. La domination et la dépendance au mode de production capitaliste les opposent nécessairement aux acteurs extra-lamidaux. Aussi, les classes supérieures, qui sont constituées des administrateurs, des cadres expatriés de la SODECOTON et des membres de la société internationale, sont-elles en opposition avec les paysans.

Cette opposition amène un conflit vivement ressenti dans le lamidat de Dumru. Ce conflit est axé autour de la concurrence des cultures dont nous avons déjà parlé. C'est que le coton n'est pas tellement cultivé à Dumru. Dans quatre villages de la plaine de Kaélé nous avons prélevé, à partir de notre échantillon, les pourcentages des paysans ne cultivant pas le coton chaque année. Dumru est apparu en tête avec 58%, Kourbi 13%, Boboyo 8% et Mumur 0%. Les paysans de Dumru ont saisi donc la contradiction entretenue entre les acteurs extra-lamidaux et eux. « Le coton c'est le gomana, disent-ils » : le coton c'est pour les autres (l'administration) et pas pour eux.

Par conséquent, ils se sont attelés à la culture des oignons qui leur est plus bénéfique.

La vente de ce produit leur procure des revenus relativement plus élevés. Sur 0,24 ha, les paysans perçoivent des sommes d'argent variant de 100 000 à 125 000 F CFA ; ce qu'ils sont loin de toucher avec la culture cotonnière. La partie économique de notre équipe de recherche a relevé que l'oignon revient à 1 284 F CFA et le coton à 284 F CFA en termes de marge brute par journée de travail dans le lamidat de Dumru (35).

Le refus de la culture cotonnière par la majorité des paysans de Dumru manifeste le goût d'une indépendance économique dans un marché d'oignon dont ils détiennent seuls les leviers et les mécanismes. La culture d'oignon signifie échapper à la détérioration des termes de l'échange produite le plus souvent par le marché cotonnier. Cultiver les oignons à la place du coton remet en question la structure économique de la culture cotonnière ; c'est-

(35) Voir Saadate Y., *op. cit.*, p. 45.

à-dire les classes extra-lamidales qui y participent et tout son fonctionnement.

E) Autres formes de luttes des classes

Cette remise en question se vit d'une autre manière par les cultivateurs du coton. Ils savent que la SODECOTON symbolise leur domination et leur dépendance. Faute d'être en contact avec ses cadres, les conflits que les paysans devraient avoir avec ces derniers se retournent le plus souvent à des agressions contre les moniteurs agricoles. Chez les Tupuri, nous avons inventorié un certain nombre de cas où les paysans refusaient de cultiver le coton parce que lors de la campagne précédente, ils avaient lutté contre les moniteurs relevant de la SODECOTON. « La SODECOTON et les moniteurs nous bouffent des kilogrammes de coton pendant les ventes », disent-ils.

On comprend un tel langage dans la mesure où le prix d'un kilogramme de coton au producteur évolue très lentement.

Par conséquent, le pouvoir d'achat des petits planteurs du coton ne leur permet nullement d'avoir le minimum vital dans une société où les modèles de consommation modernes sont déjà les plus en circulation.

En effet, les oppositions entre les classes inférieures et les classes supérieures se cristallisent dans la formation sociale nord camerounaise, sur les conflits fonciers, les conflits de culture, les conflits agriculteurs-éleveurs, le choix des cultures non contrôlées par la SODECOTON, les luttes entre les petits planteurs et les moniteurs de la SODECOTON.

Les cas que nous venons d'évoquer manifestent pour nous certaines formes de lutte de classes pour deux raisons :

1) La formation sociale nord camerounaise actuelle est bâtie sur une stratification en classes car toute société où il y a appropriation du surproduit est nécessairement sous-tendue non seulement par des contradictions de classes mais aussi par des rapports de ces dernières, voire des conflits (36). Ceci pose la nécessité « de concevoir les classes comme des acteurs placés non dans des contradictions, mais dans des conflits » (37).

(36) Fougeyrollas P. dit à ce propos que : « les rapports de production sont générateurs de classes sociales en lutte, dès qu'il y a engendrement d'un surproduit », in *Sciences Sociales et Marxisme*, Payot, Paris, 1979, 271 p., p. 189.

(37) Touraine A., *Le retour de l'acteur*, *op. cit.*, p. 152.

2) Dans les cas sus cités, nous retrouvons des phénomènes de retraites (remontée des montagnards et désertion des païens des zones de colonisations musulmanes), de refus (les paysans de Dumru envers le coton), de révolte (la jacquerie de Léra), d'agressions (les petits planteurs et les moniteurs de la SODECOTON), de fuites (l'émigration vers le Nord-Est Bénoué) qui selon la sociologie de l'action, matérialisent les conflits. A. Touraine ne dit-il pas que

> « révoltes, refus, retraites, fuites, silences, agressions, perversions ou détournements d'instruments sociaux ou culturels sont autant de manifestations de la présence des forces d'opposition, au même titre que les conflits (38) » ?

Or, ces conflits partent des rapports sociaux des acteurs eux-mêmes, qui consacrent des rapports de classe. Par conséquent, il ne nous semble pas erroné de parler dans ce cas précis de certaines formes de luttes des classes, production de la spécificité de la formation sociale étudiée et sans lesquelles nous ne saurions comprendre le sens du développement rural dans le nord du Cameroun.

(38) Touraine A., *op. cit.*, p. 129.

CHAPITRE VI

Le sens du développement rural dans le nord du Cameroun

Nous avons déjà parlé d'un développement rural à sens unique qui se solde par la création des inégalités sociales dans le nord du Cameroun et qui est conçu du dehors pour le dehors.

Ce n'est pas ce que nous entendons ici par sens du développement rural. C'est plus une orientation du développement rural qu'un sens qui implique pour nous les représentations que se font les différentes classes sus mentionnées des projets de développement. C'est là une dimension de la problématique qui permettra de mieux cerner les réactions paysannes et l'épineuse question des dynamismes sociaux en milieu rural.

Les représentations du développement rural que se font les classes inférieures et celles que se font les classes supérieures restent bien sûr contradictoires. Régies par une dichotomie inhérente aux différentes positions de ces deux catégories de classes, les représentations du développement rural sont faussées dès le départ.

Pour les classes supérieures, à l'instar de celle où nous trouvons les laamibé, le développement rural, par ses opérations est d'abord un moyen d'exprimer une certaine responsabilité dans le cadre villageois, vis-à-vis de la classe dirigeante camerounaise et des paysans.

Cette responsabilité se traduit par la mise en œuvre des actions nécessaires de vulgarisation des objectifs du gouvernement en matière de développement dans le milieu paysan. Ainsi, avant de lancer une action concrète dans les lamidats, l'administration moderne, par le canal des sous-préfectures, invite les laamibé à des réunions où ils sont informés des dispositions à prendre dans les villages.

S'agissant par exemple du lancement des blocs de coton, les laamibé, après une entrevue avec les sous-préfets, reviennent aux villages afin de sensibiliser les paysans à ce propos. Des réunions sectorielles (par village) sont tenues où ils expliquent à leurs sujets les nouvelles orientations à suivre pour les semis de coton à venir. Ceci ne regarde pas seulement les blocs ; pour la culture attelée, la distribution des engrais, la répartition des sacs de céréales, les mêmes données s'observent.

Dans la plaine de Kaélé, à Djidoma, nous avons suivi une sensibilisation relative à l'instauration des marchés autogérés auxquels nous avions fait allusion plus haut. Le laamido de Kaélé parla aux paysans pendant près de quatre heures de temps le premier jour. Les paysans semblaient convaincus du principe. Ceci d'autant plus que les marchés autogérés paraissaient militer en leur faveur. Afin d'éviter les luttes contre les moniteurs agricoles de la SODECOTON, afin d'éviter les plaintes relatives aux kilogrammes de coton inexacts avec la bascule, la SODECOTON, par le biais de la sous-préfecture, voire du laamido, proposait donc aux paysans de choisir parmi leurs confrères ceux qui pouvaient être aptes à assumer le travail réalisé jusque-là par les moniteurs. Au cas où le canton ou le village parvenait à bien gérer son marché, une prime en vue de la réalisation d'un bien public (construction d'une école, d'un dispensaire) devait être allouée aux paysans par la SODECOTON. Mais pourquoi un tel projet ne put-il aboutir dans le village de Djidoma ?

C'est que le jour suivant, le laamido ne parvint pas à être satisfait du « cadeau » qui lui reviendrait de la part de la SODECOTON au terme du bon déroulement de l'opération. Le jour où les techniciens sont venus pour avoir l'accord de principe des paysans déjà acquis à Tchatibalé, Makébi, Midjivin, au terme d'une concertation entre le laamido et ses sujets, ces derniers répondirent non au projet SODECOTON.

Cette affaire révèle les représentations que se font les différentes classes à deux niveaux. Au niveau de l'aristocratie lamidale, les projets de développement rural doivent d'abord être une source de revenu à son profit. Au niveau des paysans-sujets, le projet de développement rural n'a d'importance qu'entériné par le laamido, et comme la plupart des projets concernent notamment le coton, le développement rural ne représente que l'impôt. A ce double niveau, le développement rural se présente comme une ambiguïté aux yeux du chercheur. Il véhicule au niveau purement lamidal des schèmes de représentations contradictoires qui bloquent certaines actions positives.

Sur le plan des classes supérieures extra-lamidales, la contradiction est plus profonde. Le développement rural conçu et orienté par la classe dirigeante camerounaise doit, par ses activités agro-pastorales, à la fois contribuer à élever les revenus des paysans, à améliorer leurs conditions de vie. En même temps, c'est par les mêmes activités que la même classe entend se procurer les devises extérieures qui nécessitent une abondante main-d'œuvre paysanne pour les cultures de rente. Pour cette classe, le développement rural doit alimenter les budgets relatifs à certaines structures administratives. Le développement rural est donc, comme nous l'avons déjà souligné, une source d'approvisionnement extrêmement importante pour les caisses de l'État.

A l'échelle de la classe capitaliste internationale, le développement rural revêt une autre dimension. C'est une source d'approvisionnement en matières premières. Nous analysons ces différents sens que revêt le développement rural auprès des classes opposées qui y participent en milieu rural nord camerounais.

I — LE DÉVELOPPEMENT RURAL ET SES REPRÉSENTATIONS

A) Le développement rural comme nouveau moyen de production pour les grands ordres sociaux ou grands planteurs investisseurs

Nous savons actuellement que les grands ordres sociaux ou grands planteurs investisseurs sont les grands chefs islamisés qu'on retrouve au sein de la classe lamidale supérieure au niveau villageois. La représentation qu'ils ont du développement rural se concrétise à travers la place stratégique qu'ils occupent dans l'administration des villages. Celle-ci peut se réduire au fait que les divers projets de développement rural sont conçus comme des nouveaux moyens de production pour les laamibé.

Dans les champs personnels des laamibé, le matériel attelé ne sert pas seulement aux locations. Nous avons vu que les travaux collectifs, rentrant naguère dans le cadre de l'entraide ne se font qu'unilatéralement à la faveur des laamibé actuellement. Dans le Mayo-Ulo, à Kaélé, Mora, le chef peut donc utiliser gratuitement une abondante force de travail. Le matériel attelé lui est disponible. Sur des espaces de plus de 10 hectares, des paires de bœufs de trait se trouvent dirigées par un paysannat qui doit dépenser son propre argent pour les utiliser à son compte.

A ce titre, la modernisation agricole introduite par la SODECOTON fait accroître les moyens de production au service des laamibé. L'innovation technologique en milieu rural détermine la propriété des moyens de production les plus modernes chez les chefs traditionnels qui, dès lors, trouvent un profond intérêt dans les opérations de développement.

De même, les transformations subies actuellement par la terre ne permettent pas tout simplement aux laamibé de s'enrichir par des spéculations déjà connues, mais de disposer à leurs comptes personnels de vastes étendues de surface cultivable. Au niveau donc du facteur de production qu'est la terre, le projet cotonnier a entraîné une consolidation sur elle de la mainmise des grands chefs.

S'agissant des projets céréaliers encadrés par l'Office céréalier, c'est aux laamibé qu'il revient de vendre et de distribuer les sacs de céréales aux paysans les plus démunis durant la soudure. Les sacs devant être distribués pèsent de 90 à 100 kg. Les laamibé les diminuent et mettent des réserves dans leurs propres greniers. Les sacs qui doivent normalement peser 100 kg pèsent finalement 20 kg à leur transmission aux paysans.

Dans certains lamidats, les sacs peuvent disparaître dans les concessions des chefs. Ce qui fait que pendant la soudure, les laamibé peuvent disposer de cinq cents à sept cents sacs de mil. Ainsi les projets céréaliers permettent une grave extorsion paysanne par les laamibé ; extorsion faisant accroître leurs greniers. Ils permettent aussi une spéculation sur les céréales par les mêmes laamibé, grands commerçants. Notamment durant la soudure, ils vendent les sacs de mil aux commerçants spéculateurs qui les revendent plus cher aux paysans. Ils poussent également leurs ventes jusqu'à l'étranger. Ils ont de grands clients au Tchad et au Nigeria, malgré l'interdiction de l'exportation de mil à destination du Tchad intervenue de mars à novembre 1963 (1). Centre de polarisation pour le double circuit des prestations en travail et de

(1) Voir Couty Ph., « Notes sur la production et le commerce du mil », *op. cit.*

redistribution en nature, les laamibé voient dans les projets de développement rural un déploiement pour eux de nouveaux moyens de production par leur alliée : la classe dirigeante.

Un organisme national tel que l'Office céréalier, qui s'inscrit dans le Comité de lutte contre la faim en zone soudano-sahélienne nord camerounaise, devient, de par le cercle vicieux où il se trouve engouffré, facteur même de la faim. Aussi bien comparable à l'Organisation pour la Mise en valeur du Fleuve Sénégal, (OMVS) ou à la Société d'aménagement et d'exploitation des terres du delta du fleuve Sénégal (SAED), l'Office céréalier apparaît plutôt comme un organisme encourageant la famine comme ceux évoqués plus haut. Bruno Parmentier analyse l'action des deux organismes sénégalais. Il aboutit à cette conclusion qu'on pourra aussi bien appliquer à l'Office :

« Force est donc de noter l'apparition d'un nouveau facteur de causalité dans le développement de la faim ; le rôle des institutions créées pour lutter contre la faim (2). »

Le détournement des objectifs d'un organisme du développement rural par les classes supérieures du milieu paysan crée ainsi la sclérose de celui-ci. Ceci reste tributaire des différentes représentations que les diverses classes s'en font.

B) Le développement rural ou le moyen de payer l'impôt pour les petits planteurs

Le développement rural intégré dont il est plus question dans le cadre du Projet Centre-Nord est ambivalent. D'un côté, il y a les cultures de rente dont notamment le coton ; d'un autre les cultures vivrières. Or, nous savons déjà que la SODECOTON qui le prend en charge s'occupe plus du coton. En plus des données que nous avons déjà fournies à propos, Sophie Bessis le remarque également :

> « Au Cameroun, les surfaces cotonnières ensemencées par la SODECOTON (...) sont passées de 59 000 hectares en 1976-1977 à 48 000 hectares en 1977-1978 ; parallèlement les cultures vivrières intensives encadrées par la SODECOTON sont passées de 400 hectares en 1976-1977 à 507 hectares en 1977-1978 pour le riz pluvial et de 330 à 337 hectares pour le

(2) Parmentier B., « La faim planifiée, un nouveau facteur de famine : les programmes de lutte contre la faim », *Tricontinental, famines et pénuries, la faim dans le monde et les idées recues*, n° Spécial, Maspéro, Paris, 1982, 187 p., pp. 143-148.

maïs intensif. Ici, le volet vivrier du programme dit intégré a été sacrifié à la sauvegarde de la production cotonnière (3). »

On voit une fois de plus réapparaître la suprématie cotonnière à travers un projet qui se veut pourtant intégré.

La prééminence du coton est liée aux raisons de la paie de l'impôt. Le coton prenant tout le poids du projet de développement rural en fait autant. Les petits planteurs se représentent donc le développement rural comme le développement du coton, par conséquent comme moyen de payer l'impôt de capitation pour lequel la culture du coton leur a été imposée. Presque tous les paysans que nous avons interrogés dans le Centre-Nord étaient unanimes sur le fait que le coton ne servait d'abord qu'à la paie de l'impôt.

Même dans le domaine pastoral, le recensement du bétail pour les paysans éleveurs n'aboutit pour ces derniers qu'à la paie des taxes sur le bétail.

Si on revient sur la culture du coton, on se rendra assez facilement compte d'un certain nombre de représentations que se font les paysans du développement rural à partir d'elle. En effet, en dehors de l'impôt de capitation pour lequel elle a été instituée, elle permet au paysan de payer aussi la carte du parti, de rembourser à la SODECOTON ses charges d'engrais, donc d'être quitte avec l'administration. Le développement rural est perçu dès lors comme une action qui fait acquérir au paysan sa « véritable citoyenneté ». Axé notamment sur le coton, celui-ci lui permet de s'enliser dans un cycle d'endettement et en même temps d'en sortir. Les dettes des paysans ont des intérêts variant de 50 à 100% (4) envers la SODECOTON.

Dès lors, le coton reflète au paysan une autre image. Celle d'un cycle d'endettement traduit plus concrètement par le développement rural. Contrairement à l'idéologie officielle parlant toujours au nom de la promotion du monde paysan par le biais des opérations du développement rural, il s'avère que, pour le petit planteur, le développement rural n'est que la transposition en milieu villageois d'une action dont la recette socio-économique configure un cycle coton-impôts-carte du parti-endettement.

Des observations effectuées aux marchés de coton nous ont révélé ce cycle. Un certain nombre de paysans, après s'être acquit-

(3) Bessis S., *L'arme alimentaire*, *op. cit.*, p. 34.

(4) Boutrais J., *La colonisation des plaines*, *op. cit.*, p. 127.

tés de leurs dettes, attendent leurs confrères ayant eu mieux pour des emprunts allant de 5 000 F CFA à 10 000 F CFA. Dans les montagnes du Mandara où les Kirdi descendent en plaine pour cultiver le coton, jusqu'en 1978, leur revenu n'avait jamais dépassé 5 000 F CFA annuellement. Ces petits planteurs s'agglutinent dans les marchés de coton des cantons des plaines afin de recourir aux emprunts ayant pour gage leurs champs de mil. Le même phénomène est ressenti dans certains villages de la plaine de Kaélé et du Diamaré. A Mumur, ce phénomène dégénère et atteint les récoltes sur pied. C'est-à-dire que le petit planteur, pour 5 000 F CFA, laisse une parcelle de sa récolte de muskwari à la disposition de son créancier qui vient de récolter le mil à son compte. Dans le Mayo-Ulo, aux environs des montagnes de Guider plusieurs paysans fali laissent de même de grosses parcelles de leurs champs à leurs voisins prêteurs.

Pendant la soudure, les réserves insuffisantes de mil obligent ces petits planteurs à se nourrir des déchets de celui-ci. Des cas de ce genre observés à Muturwa nous ont permis d'évaluer le degré de perturbation engendré par les dettes des petits planteurs au sein de leurs unités de production en termes de consommation. Les projets de développement rural symbolisent pour eux l'avènement des dettes et des dépendances sociales envers leurs créanciers. Le développement rural revêt dès lors une image de destructuration de l'économie d'autosubsistance et par conséquent génératrice et diffuseuse des conflits sociaux.

Le développement rural conçu par l'argent en matière de financement et pour l'argent pour des recettes qu'il doit produire devient lui-même une idéologie qui masque les dépendances, les exploitations et les dominations paysannes. Les « développeurs » sont bien vus en milieu rural. Les agents chargés de l'animation rurale (5) sont toujours générateurs d'une certaine confiance envers le monde paysan. Mais en filigrane, ce sont des agents propagateurs d'une idéologie essentiellement aliénante pour les villageois. Le développement rural se confond à ce titre avec le désenchantement du monde paysan. Car, par la suite, ce dernier se sent toujours trompé par l'échec de la plupart des projets. C'est notamment le cas des colonisations des terres dans le nord du Cameroun, mais aussi celui du projet semencier.

(5) Les expatriés américains, hollandais, etc. du développement communautaire, des volontaires du progrès, du corps de la paix, etc.

Ce dernier mérite une courte attention. Le projet semencier installé d'abord dans la plaine du Diamaré a suscité de grands espoirs dans le monde paysan. Bénéficiant d'une consistante aide américaine, ce projet regroupait un personnel technique hautement qualifié. Son but était de sélectionner les variétés d'arachide et d'en distribuer les semences aux paysans. Certains essais se soldèrent par des succès. L'arachide sélectionnée à été distribuée à temps et semée conformément aux recommandations des techniciens. De très bons rendements furent réalisés (voir tableau ci-après) :

Tableau 18
Récapitulatif des réalisations-cultures d'arachide

Variétés	Destination	Superficie	Production (T)	Rendement kg/ha
28-206	Huilerie	75	75	1 000
29-103	Huilerie	37,5	37,5	1 000
Test variétal	Huilerie	2,5	2,5	1 000
GH 119-20	Autoconsommation paysanne	25	25	1 000
TOTAL		140	140	-

Ce tableau représente les réalisations arachidières du projet semencier dans le village de Guétalé du secteur de Mora-Mokolo. Il permet de comprendre que les superficies, la production et le rendement arachidiers destinés à l'autoconsommation paysanne (auto subsistance) permettaient aux villageois d'assurer leur reproduction simple.

Cette arachide en outre n'était vouée à aucun marché monopolisé fortement structuré. Le paysan était libre d'en disposer comme il l'entendait. Aussi des commercialisations se faisaient-elles jusqu'aux pays voisins, où le prix au producteur était intéressant.

Mais quelques années après seulement, le projet semencier s'est fait remarquer par de graves retards en termes de distribution des semences aux paysans. L'arachide, délicate pour le suivi du calendrier agricole, a fini par sombrer dans son rendement et sa production. Comme elle faisait encore une concurrence aux mils et sorghos, les paysans l'abandonnèrent. La direction du projet se trouve actuellement à Garoua où d'autres expériences ont commencé.

Pour les petits planteurs et la plupart des paysans, cet échec est vivement ressenti comme un désir de l'administration de les abandonner seuls dans les cultures qui peuvent les aider à se procurer de l'argent et à se nourrir. Les échecs des projets de développement rural stigmatisent au nord du Cameroun la vision d'une administration soucieuse d'améliorer les conditions de vie paysanne.

Le monde rural réalise déjà cet état parce que certaines catégories sociales parviennent progressivement à une conscience de classe. Dans un article paru sur les classes sociales au Cameroun en 1948, J.-P. Nicolas dit que : « la notion d'argent a complètement modifié les relations entre individus et a grandement contribué à la formation des classes qui tôt ou tard deviendront rivales (6). »

Ces prévisions semblent aujourd'hui se concrétiser par un monde paysan qui à travers le développement rural, matérialise son état d'assiégé (nous y reviendrons).

C) Le développement rural : manifestation du souci (7) du monde paysan par la classe dirigeante ?

Le développement rural vu par la classe dirigeante camerounaise s'inscrit d'abord dans une politique économique globale entrant dans la construction nationale. Il est donc conçu au même titre que le développement des secteurs secondaire et tertiaire. C'est ce qui le légitime et consacre sa raison d'être. On ne saurait ignorer un secteur aussi important que le rural dans l'optique d'un développement qu'on veut harmonieux et intégré.

A un autre niveau, la classe dirigeante semble être consciente des populations rurales qui non seulement jouent un très grand rôle politique, mais aussi économique et social. A ce stade, le lancement des projets de développement traduit pour elle l'intérêt qu'elle prétend porter aux masses paysannes. Des aides provenant de l'étranger et des grands organismes internationaux, entre autres, tendent à prouver à l'opinion publique le souci manifesté par elle au monde paysan pour le financement des projets ruraux.

(6) Nicolas J.-P., « Nécessité actuelle et anthropologie au Cameroun », *Et. Cam.* n° 23/24, 1948, pp. 5-21.

(7) Nous entendons ici par souci des actions concrètes initiées par la classe dirigeante camerounaise pour l'amélioration des conditions de la vie des paysans.

En 1978 par exemple, le Cameroun a bénéficié d'un total de 65,5 millions de dollars de crédits IDA (International Development Association) et des prêts BIRD (Banque Internationale pour la Reconstruction et le Développement) dont 15 millions destinés à la production d'huile de palme et de caoutchouc, 13 millions à un projet dont le café est la principale culture, 8,5 millions pour les productions de cacao, riz, café, poisson, 14,5 millions à l'augmentation de la production rizicole. En 1980, sur un total BIRD-IDA de 47,5 millions de dollars, 31,5 millions sont consacrés au développement de l'hévéaculture et 16 millions à un projet d'élevage (8). Ces grosses sommes d'argent sont destinées aux cultures relevant du monde rural. Les structures de prêts sus cités relèvent toutes de la Banque Mondiale. Il y a aussi l'aide française à travers le FAC (Fonds d'Aide et de Coopération).

En 1977, les financements du FAC se sont élevés à 55,9 millions de francs, dont 12,8% pour le secteur agricole. Concernant l'agriculture, près de 6 millions ont été consacrés à la riziculture ; le reste aux études pour la construction d'un barrage au nord du pays (9).

Et, toujours dans le nord du Cameroun, le projet Centre-Nord est financé par la Banque Mondiale et remis à la SODECOTON pour promouvoir le monde rural. Pour la classe dirigeante camerounaise, y a-t-il réellement un souci pour les populations rurales à travers ses engagements apparents ? Ou faut-il dire que tout comme les paysans, le développement rural est aussi pour l'État l'avènement des dettes contractées par la classe dirigeante ?

Les rapports entre la classe dirigeante et les paysans, nous l'avons vu, sont nécessairement contradictoires. Le prix au producteur des cultures de rente lui permet de s'approprier le surplus paysan. Les circuits commerciaux eux-mêmes déterminent d'autres ponctions et taxes à partir de ces cultures. Le paysan, surtout le petit planteur, est par rapport à elle un véritable producteur direct. La contradiction entre la classe dirigeante et lui consacre également la contradiction entre toutes les classes inférieures dont nous avons déjà parlé et la même classe dirigeante. Elle est donc contradiction de classes. La contradiction de classes implique généralement que les classes opposées ont des intérêts asymétriques, des statuts sociaux différents et que chaque classe ne se soucie que de ses intérêts au vu de notre typologie de classes déjà évoquée. La

(8) Voir Bessis S., *L'arme alimentaire*, *op. cit.*, p. 156.

(9) Bessis S., *op. cit.*, p. 151.

classe dirigeante est par conséquent incapable de se soucier des paysans. Le développement rural est le champ de bataille qui l'oppose le plus radicalement à eux. Nous avons déjà vu plus haut que sa logique de reproduction par l'État repose essentiellement sur l'accumulation du surproduit paysan. En ce sens les paysans ne constituent qu'une main-d'œuvre pour elle. Pour l'inciter à travailler, elle recourt à ses appareils idéologiques ; en même temps, elle joue aussi le jeu de manifester son intérêt directement aux paysans. Dans le nord du Cameroun, ceci se concrétise par des émissions radio pour la sensibilisation des agriculteurs sur différents thèmes de vulgarisation de 5 h 45 à 6 h. Les principaux thèmes sont exposés en langues locales : Fulfuldé, Tupuri, Guiziga et sont les suivants :

— préparation du sol,
— semis en ligne à bonne densité,
— enfouissement de l'engrais et de l'urée,
— entretien des cultures,
— protection des cultures contre les parasites,
— récolte-triage du coton,
— récolte et conservation des vivriers,
— commercialisation du coton et des vivriers.

Tout ceci couronné par des propositions de primes aux plus grands producteurs.

L'incitation de cette main-d'œuvre se situe sur deux plans : elle contribue à la production des cultures de rente et à celle des cultures vivrières où nous pouvons ranger les activités pastorales.

S'agissant des cultures de rente, les paysans participent à la rentrée des devises extérieures. Et, avec les cultures vivrières et pastorales, ils nourrissent les fonctionnaires en ville par les productions céréalières et pastorales. En fait, le développement rural configure les relations entre la classe dirigeante et les paysans qui se situent dans leur rapport de classe à celui entre les technobureaucrates et les agriculteurs.

Ceux-ci sont extrêmement intéressants dans la mesure où ils matérialisent la genèse même des contradictions entre les deux classes à deux niveaux : la conception du développement rural et le partage des produits de ce dernier.

La conception du développement rural se fait par les technobureaucrates au niveau des projets. Les technobureaucrates sont des cadres ou des experts nationaux ou étrangers. Les définitions des projets excluent les paysans des débats. C'est là où commence à se poser le problème de la participation paysanne au développement rural. Absent de toutes discussions relatives aux opérations devant pourtant se passer dans sa localité, le paysan y est marginalisé d'emblée. Sa participation ne se fait donc sentir qu'au niveau des activités auxquelles il répond.

Cette marginalisation du paysan à ces débats traduit cependant une réalité plus profonde. C'est que, au départ, les projets de développement rural n'obéissent dans leurs définitions qu'aux représentations des technobureaucrates en termes de rationalité et de calcul capitalistes. Ces représentations ne prenant nullement en compte les aspirations paysannes, besoin n'est donc pas de discuter des grands objectifs du développement rural avec les villageois.

A ce niveau, le projet Centre-Nord est un exemple patent. Ses origines profondes sont liées à une vive régression des surfaces cotonnières au cours des dernières années, au profit des surfaces du sorgho. Le prétendu encadrement des cultures telles que le riz, le maïs, les arachides, n'obéit qu'à une stratégie que nous pouvons taxer d'accompagnement. Ces cultures accompagnent le coton pour montrer à l'opinion publique que le développement est intégré. Ces cultures ont un rôle d'excitation du monde paysan à la culture cotonnière eu égard au fait que la SODECOTON s'occupe aussi des cultures qu'il peut consommer. Nous nous situons donc au niveau où la société de développement est obligée de recourir à un « bon de paix » pour la culture rentière en laissant du lest sur les vivrières dont elle ne contrôle pas encore le marché.

A l'échelle du partage des produits du développement rural, les disparités profondes existant entre les technobureaucrates et les petits planteurs introduisent des injustices sociales en ce qui concerne la quote-part revenant à chaque classe. En dehors des formes d'accumulation des surplus paysans déjà évoquées, il convient de noter maintenant une forme de dépendance paysanne auto-entretenue par ce qu'on appelle les arriérés coton envers les technobureaucrates de la SODECOTON.

Les arriérés coton constituent un autre volet des sommes dues n'ayant pas été remboursées à temps par les paysans. Ces sommes peuvent être liées à la mécanisation agricole, aux remboursements de certains crédits agricoles (FONADER) (10), aux crédits en maté-

(10) FONADER : Fonds National de Développement Rural.

riels agricoles, aux crédits à court terme, aux crédits à moyen terme, aux crédits de productivité, etc.

En 1982-1983, ces arriérés pour le coton se présentent selon le tableau suivant dans le Centre-Nord (tableau n° 19 page suivante).

Ce tableau exclut la zone de Guider sur laquelle nous ne possédons pas de données, mais il montre effectivement des arriérés coton. Ceci s'explique par des raisons qui ont été données par les paysans eux-mêmes. Il s'avère que, comme nous l'avons déjà vu, le développement rural est un circuit par lequel les petits planteurs entrent dans les dettes même au terme d'une campagne agricole ; impuissants à s'en acquitter, ils voient leurs dettes reconduites par les technobureaucrates lors de la campagne suivante : ce qui hypothèque largement leur futur revenu, voire toute la campagne à venir.

Outre les surplus et les ponctions prélevés sur les petits planteurs, le développement rural inscrit une dépendance entretenue de la paysannerie auprès des technobureaucrates de la SODECOTON par le phénomène des arriérés qui sont de véritables bons de consommation des revenus des petits planteurs relatifs aux campagnes futures.

D) Le développement rural ou la quête des matières premières par la société capitaliste internationale

La dernière représentation du développement rural à laquelle nous nous attelons est celle d'une autre classe supérieure extra-lamidale, la classe capitaliste internationale. Le développement rural est perçu par elle comme un moyen de faire s'écouler les matières premières vers les métropoles. Sophie Bessis a montré l'évolution de la part de l'agriculture dans les financements de la Banque Mondiale de 1977 à 1980.

Pour les pays sous-développés en général, elle se configure dans le tableau n° 20.

Comme le souligne l'auteur de ce tableau, l'augmentation des financements de la Banque Mondiale en matière d'agriculture durant ces quatre ans n'est pas négligeable.

En revenant sur le cas spécifique du Nord Cameroun, nous avons inventorié les financements provenant de la classe capitaliste internationale en matière de projets de développement rural. Ainsi la SEMRY II est financée à près de 15 milliards (F CFA) grâce aux crédits-prêts de la Banque Mondiale, de la CEE et grâce

Tableau 19
Arriérés coton

Secteurs	Somme due	Remboursements	Solde	Taux de remboursement
MORA-MOKOLO	12.571.415	311.020	12.260.395	9,66
MOKONG	5.000	5.000	-	100
HINA	297.250	47.250	250.000	15,90
KOZA	2.336.450	341.595	1.994.855	14,62
BRECHE	2.922.470	89.010	2.833.460	3,05
KOURGUI	8.010.245	833.165	7.177.080	9,66
DIAMARE	21.794.600	4.075.870	17.718.730	18,70
DOGBA	8.305.750	1.888.000	6.417.750	22,73
YOLDEO	5.367.500	928.700	4.438.800	17,30
ZONGOYA	3.930.500	848.070	3.082.530	21,57
BOGO	4.190.750	411.100	3.779.650	9,81
KAELE	5.195.390	966.275	4.229.115	18,60
MINDIF	1.119.610	327.150	792.460	29,22
MOULVOUDAYE	823.600	5.000	818.600	0,61
MOUTOURWA	674.805	166.325	508.480	24,65
LARA	451.025	64.100	386.925	14,21
GUIDIGUIS	877.310	122.930	754.380	14,01
DZIGUILAO	1.249.040	280.770	968.270	22,48
MAYO DANAI	2.507.805	561.995	1.945.810	22,41
KARHAY I	735.000	171.500	563.500	23,33
KARHAY II	5.000	5.000	-	100
DANA	1.596.805	279.095	1.317.710	17,48
GOBO	170.500	105.900	64.600	62,11

Tableau 20
Évolution de la part de l'agriculture dans les financements de la Banque Mondiale (en millions de dollars)

	1977			1978		
	BIRD	IDA	TOTAL	BIRD	IDA	TOTAL
Agriculture et développement rural	1637,8	670,1	2307,9	1929	1340,7	3269,7
Total Prêts et crédits	5759,3	1307,5	7066,8	6097,7	2313	9410,7
	1979			1980		
Agriculture et développement rural	1568,1	953,7	2521,8	1700,4	1758	345,4
Total Prêts et crédits	6989	3021,5	10010,5	7644,2	3837,5	11481,7

Source : S. Bessis, *op. cit.* p. 154.

aux subventions du FAC. La SEMRY III a 1 341 millions F CFA dont 1 162 millions en subvention des communautés européennes (FED). Le projet Nord-Est Bénoué : 1 741 507 000 F CFA, grâce à une grosse somme du FED d'un montant de 1 032 959 000 F CFA, une somme combinée FAC-AFVP-SODECOTON de 338 815 000 F CFA, tandis que le Cameroun lui-même n'a participé que pour 369 733 000 F CFA. La SODEBLE est soutenue grâce à l'assistance technique SOMDIAA. Le Projet semencier dont nous avons déjà parlé a vu le jour par une aide USAID. L'opération Kenaf bénéficie d'une aide financière et technique de la RFA. Le projet Mindif-Moulvoudaye, dont le capital s'élève à 8 250 000 dollars, a reçu une aide de 6 136 000 dollars de l'USAID ; le Cameroun y a participé pour 2 123 000 dollars. La station de Lougguerae est soutenue par une aide de 25 milions de francs CFA, taux de participation de l'USAID. La CICAM cotonnière industrielle du Cameroun a un capital de plus de 7 milliards de francs CFA dans lequel les intérêts privés étrangers sont représentés à 73,85% (Tchad compris) ; 26,15% seulement y reviennent au Cameroun. La société des Tanneries et Pausseries du Cameroun (Ngaoundéré) bénéficie de plus de 3 milliards de prêts à long et moyen terme acquis grâce aux crédits bancaires dont le chef de file est celui de la Banque de l'Union Européenne. La SODECOTON qui constitue l'un des objectifs d'étude de cette recherche, dès ses débuts bénéficie d'une aide de 45% de la CFDT, alors que le Cameroun est majoritaire (pour une fois) à 55%. D'autres projets tels que le plan-viande, le projet CBLT/ASSALE-SERBEWEL, intéressant le Tchad et le Cameroun, les projets avicoles, les laboratoires vétérinaires (dont le capital s'élève à 22 milliards de francs CFA), l'extension CNFZU de Maroua, le projet hydraulique pastoral et aménagement des pâturages, bénéficient de substantielles aides étrangères et des aides nationales relevant de la SODEPA et du FONADER. Un certain nombre de projets ont été étudiés et sont en voie de réalisation. Il s'agit notamment de la vallée supérieure de la Bénoué avec l'assistance de REDPATH-CANADA et de la minoterie de Blé de Ngaoundéré, déversée dans la SODEBLE.

Toutes ces aides de la classe capitaliste internationale aux projets de développement rural dans le nord du Cameroun traduisent une réalité profonde mais déjà classique au vu d'une certaine littérature à prédominance marxiste : la recherche des matières premières (11). Au-delà de cette quête, il s'avère actuellement que l'aide de la classe capitaliste internationale aux projets de développement rural en fait une véritable actrice du milieu rural où elle induit des rapports sociaux de domination avec les acteurs lamidaux et où avec les modèles de consommation capitalistes qu'elle injecte se cristallisent les inégalités et les contradictions de classes.

La recherche des matières premières dans le développement rural au nord du Cameroun amène forcément la classe capitaliste internationale à manufacturer les produits bruts encore importés par le Cameroun et qui ne peuvent jamais être à la portée du petit

(11) Voir notamment : Jalee P., *Le Tiers-Monde en chiffres*, Maspéro, Paris, 1971, 181 p. ;

Le pillage du Tiers-Monde, Maspéro, Paris, 1973, 190 p. ;

L'exploitation capitaliste (initiation au marxisme), Maspéro, Paris, 1977, 136 p. ;

N'Dongo S., *Coopération et néo-colonialisme*, Maspéro, Paris, 1976, 199 p. ;

Voyage forcé (itinéraire d'un militant), Maspéro, Paris, 1975, 224 p. Lire surtout le chapitre 8, pp. 133-142 ;

Tibor Mende, *De l'aide à la recolonisation, les leçons d'un échec*, Paris, Seuil, 1975, 315 p.

planteur, même du « laboureur », encore moins de l'esclave producteur direct des matières que les grandes usines capitalistes finissent. Les fluctuations du marché mondial, par le prix très bas du coton au producteur (12) influent sur les petits planteurs et autres petits paysans par une détérioration des termes de l'échange dans une formation sociale déjà gagnée aux nouvelles mentalités et structures sociales qui consacrent une inflation toujours galopante et non contrôlée.

Les quatre représentations des projets de développement que se font les différentes classes contradictoires qui influencent le milieu villageois donnent une autre dimension au développement rural dans le cadre spécifique du Nord Cameroun. C'est que, à la longue, les projets de développement rural seront eux-mêmes des facteurs diffuseurs d'une véritable conscience de classe auprès de la structure de classe évoquée plus haut. Ceci pour deux raisons fondamentales :

1) L'on sait de manière classique que dans les structures agraires, les paysans sont toujours les seigneurs de la terre. Or, cette dernière n'est plus du tout contrôlée par eux. Les rapports marchands consacrant sa circulation en limitent l'accès réel à un très petit nombre.

2) Seigneurs de la terre en progressive dépossession, les acteurs sociaux dominants du développement rural (grands ordres sociaux ou grands planteurs investisseurs ; technobureaucrates de la SODECOTON et classe dirigeante, classe capitaliste internationale) sont à leur tour seigneurs de la paysannerie en prolétarisation (13).

(12) De 1966-67 à 1984, le kilogramme en F CFA de coton trié n'atteint pas encore 140 francs. De 1966-67 à 1968-69, il n'est qu'à 30 francs, de 1969-70 à 1972-73, il passe de 30 francs à 32 francs pour se stabiliser à 33 francs de 1971-72 à 1972-73, de 1973 à 1978, il évolue de 40, 45, 50 à 55 francs et au cours des six dernières années, il n'est passé qu'à 117 F CFA.

(13) Certains auteurs parlent actuellement de la dépaysannisation : voir Tchala Abina F., « Interventionnisme et dépaysannisation dans les stratégies de développement agricole en Afrique : un point de vue critique », *Séminaire international sur les organismes d'intervention en milieu rural dans le processus de développement, op. cit.*, 26 p. mult.

Nous devons toujours à ce chercheur le terme de « saigneur de la paysannerie ». Il est tout de même à noter que la notion de « dépaysannisation » figure déjà dans le livre de Schneider M., *op. cit.*, p. 168 qui elle-même part du texte de Lénine : *Le développement du capitalisme en Russie*, Éd. Soc., Éd. du Progrès, 1974, 631 p., p. 159.

Nous avons donc là deux raisons essentielles qui, par le canal du développement rural, vont entraîner des conflits de classe plus ouverts, plus frontaux, et à dimension historique dans le nord du Cameroun.

Le sens du développement rural, contradictoire par les différentes classes déjà évoquées, nous ramène finalement, au niveau du Nord Cameroun, à percevoir un autre aspect de celui-ci : son volet politique.

En effet, l'analyse de la problématique du développement rural révèle finalement au grand jour que dans les formations sociales rurales africaines en gestation, la variable politique est extrêmement importante pour la compréhension des mécanismes de cloisonnement du problème villageois. Cette variable politique intervient pour évaluer la place qu'occupe la paysannerie dans la construction nationale.

Ici, par souci d'interdisciplinarité, le sociologue peut recourir à la science politique ou du moins à une sociologie politique du monde villageois pour la compréhension profonde de l'échec du développement rural. L'on se rendra vite compte que cet échec n'est autre que l'expression d'un autre échec au niveau national : celui de la politique socio-économique même. Lorsque plus de la moitié des 80% de la population d'un pays tel que le Cameroun peuplant essentiellement les villages se trouve sur le chemin de la dépossession par une politique agricole prônant pourtant la recherche de leur bien-être, l'on est en droit de se demander si les tensions, les heurts, le manque de cohérence, inhérents aux projets de développement rural ne traduisent pas la même chose au niveau du projet politique de la société globale camerounaise…

L'on est en droit de se poser la question de savoir si une autre politique qui tendrait le plus possible à la réduction des inégalités sociales au Cameroun qui passent actuellement pour les plus criantes en Afrique centrale, ne s'accompagnerait pas dialectiquement de l'élévation ou de l'amélioration des conditions de vie des paysans du coton les plus démunis.

La sociologie politique du monde rural nous fait saisir ici le lien dialectique qui existe entre une politique globale de projet de société et les effets d'accompagnement qui se greffent sur elle et qui sont les projets de développement rural. Le sens du développement rural maintenant analysé permet de faire jaillir au grand jour non seulement les différents paramètres de blocage de ce dernier, mais aussi comment une politique libérale mal adaptée, puisque mal planifiée dans un pays sous-développé, devient elle-même facteur de sous-développement d'un monde déjà assez sous-développé, mais essentiel pour la reproduction nationale : la paysannerie. Par conséquent, le sens du développement rural dans le nord du Cameroun dépend aussi du sens de la politique camerounaise elle-même en termes de projet de société. Ce projet de société ayant pour solde les disparités sociales, celles-ci se diffusent nécessairement en zones périphériques, notamment dans les villages devant lesquels les technobureaucrates du régime ont toujours fermé les yeux quand il s'agit d'élever le niveau de vie.

Les contradictions inhérentes au sens du développement rural dans le nord du Cameroun consacrent en fin de compte les dépendances et les dominations des acteurs sociaux lamidaux relevant des classes inférieures, notamment les petits planteurs, les esclaves, les salariés agricoles. Ces dépendances et dominations s'inscrivent à trois niveaux :

a) dépendance et domination par les grands ordres sociaux ;

b) dépendance et domination par les technobureaucrates et la classe dirigeante ;

c) dépendance et domination par la classe capitaliste internationale.

II — LE DÉVELOPPEMENT RURAL : FACTEUR DE DÉPENDANCE ET DOMINATION

A) Dépendance et domination par les grands ordres sociaux ou les grands planteurs investisseurs

Les opérations de développement rural amènent ce dernier à se poser en milieu villageois comme véritable mécanisme de diffusion des dépendances et dominations paysannes. La première échelle de celles-ci est constituée par les grands ordres sociaux ou les grands planteurs investisseurs.

Les classes inférieures, petits planteurs, paysans sans terre, esclaves, dépendent d'abord des grands chefs islamisés constituant également les grands planteurs ou les grands ordres. Parlant de l'instance idéologique du système lamidal, nous avons vu que l'idéologie religieuse issue d'une certaine interprétation du Coran légitime cette dépendance qui peut aussi se situer au niveau purement interindividuel entre le laamido et son sujet.

Cette dépendance induit nécessairement une domination paysanne (notamment des classes inférieures) par la classe aristocratique lamidale. Cette domination a pour corollaire l'étouffement de la naissance d'une véritable conscience de classe au niveau des classes inférieures.

En même temps, elle régule les rapports sociaux entre les petits paysans et les technobureaucrates, voire la classe capitaliste internationale (nous y reviendrons). Par le canal des laamibé, les paysans se lèvent très difficilement pour protester contre l'ordre établi. L'effigie du laamido reste encore pour eux un syndrome qui leur inculque une autocensure et qui empêche une action coordonnée, cohérente de remise en question de leur part.

La dépendance et la domination des classes inférieures par la classe aristocratique lamidale a ainsi une fonction sociologique importante en milieu rural : elles constituent le point de chute de toute initiative paysanne allant dans le véritable sens de lutte de classes. Par conséquent, elles assurent la régularité de l'approvisionnement en main-d'œuvre des classes supérieures pour les cultures de rente.

B) Dépendance et domination par les technobureaucrates et la classe dirigeante camerounaise

La dépendance et la domination des classes inférieures par les technobureaucrates et la classe dirigeante s'allient à la dépendance et à la domination des mêmes classes par l'aristocratie lamidale ou les grands planteurs investisseurs. Elles sont donc plus canalisées par les rapports entretenus entre les laamibé et les paysans. Les technobureaucrates, nous l'avons vu, ressortent de la SODECOTON et de l'Office céréalier. Si la rationalité capitaliste diffusée en milieu rural par la SODECOTON fait dépendre les classes paysannes inférieures des technobureaucrates, comme nous l'avons vu, leur domination par ces derniers se traduit par leur parfaite maîtrise de la production paysanne. Cette maîtrise s'explique par le fait que les technobureaucrates et la classe dirigeante sont les seuls détenteurs des « secrets » dont découle la fixation des prix qui obéit à des critères non rationnels et se pratique dans une véritable mouvance arbitraire.

Les technobureaucrates entretiennent eux-mêmes cette domination par le maintien des paysans dans l'obscurantisme. Aucun effort n'est déployé par eux pour l'éducation des masses rurales. Ils vont dans les villages en administrateurs représentant les pouvoirs publics auxquels les paysans s'assujettissent. Les technobureaucrates justifient cet état de choses par le fait que la communication entre eux et les paysans est impossible, ces derniers ne sachant pas s'exprimer en français. Pour eux, la langue est l'obstacle majeur et la barrière essentielle qui les coupe des paysans.

Or, nous avons vu plus haut que les technobureaucrates et la classe dirigeante atteignent pourtant les masses par la radio et en langues locales lorsqu'il s'agit de les inciter aux activités cotonnières. Nous pouvons donc dire que les technobureaucrates et la classe dirigeante injectent délibérément les mécanismes culturels de domination paysanne en milieu rural. Ces mécanismes culturels bénéficiant de l'aval d'un type d'idéologie islamique consacrant la soumission paysanne auprès du laamido, l'exploitation paysanne dont cette domination est le paramètre n'a pratiquement plus d'inquiétude. Elle ne peut connaître aucune perturbation.

C) Dépendance et domination par la classe capitaliste internationale

Les deux niveaux de dépendance et de domination déjà vus en cloisonnent un troisième : la classe capitaliste internationale. La dépendance et la domination des classes inférieures de la société rurale, à l'échelle du capitalisme international, naissent également dans l'idéologie islamique lamidale. Cette dernière légitimant le système de reproduction lamidal légitime aussi celui de la classe des laamibé. Du même coup, l'idéologie islamique légitime la reproduction de tout le système jusqu'à la société internationale (14).

Si le paysan produit le coton, même s'il ne veut pas, c'est parce qu'il est soumis idéologiquement au laamido. Or, sa production cotonnière ne se limite pas au lamidat, encore moins au niveau strictement national, elle est faite pour être écoulée à la société internationale par le canal du marché mondial.

Par ce biais, le paysan dépend de la classe capitaliste internationale parce qu'elle est d'abord sa principale cliente, les marchés parallèles cotonniers au niveau national n'existant presque pas. En outre, le prix du coton au producteur dépend du prix au marché mondial dont seule la classe capitaliste internationale détient les mécanismes.

(14) J. Copans observe un tel phénomène chez les Mourides du Sénégal : voir, « Politique et religion, d'une relation idéologique interindividuelle à la domination impérialiste : les Mourides du Sénégal », in *Dialectiques*, *op. cit.*, pp. 23-40.

Le fait que les paysans n'aient aucun représentant qui puisse défendre valablement leurs intérêts à ces instances consacre leur domination par la classe internationale. S'ils sont déjà exclus des affaires relatives aux circuits de leur production à l'échelle des technobureaucrates nationaux, ne le sont-ils pas, a fortiori, à ce stade plus élevé ?

En effet, les trois niveaux de dépendance et de domination ainsi relevés dans le milieu rural amènent à concevoir ce que nous appelons : la trilogie dépendante et dominatrice paysanne dans le nord du Cameroun. Cette trilogie prend naissance à partir même de l'aristocratie lamidale, classe-appui et régulatrice, mais aussi qui cloisonne tout rapport de dépendance et de domination jusqu'aux classes supérieures extra-lamidales.

La fonction de l'idéologie islamique qui permet graduellement l'enchevêtrement de ces rapports se matérialise plus clairement dans l'exploitation paysanne au nord du Cameroun. De même, le rôle et les fonctions du lamidalisme dans le développement rural se perçoivent nettement. Le lamidalisme, de par sa nature où l'idéologie prédomine, est le pôle d'alliance des dépendances et des dominations paysannes dans le nord du Cameroun.

Le système lamidal, dans sa complexité, révèle ici non seulement les pesanteurs sociologiques, économiques, politiques voire culturelles des bourgeoisies rurales africaines d'essence musulmane dans le processus de développement, mais aussi leurs fonctions spécifiques dans le procès d'asservissement des petits paysans. S'il est vérifiable que « les profits que permet la surexploitation de la paysannerie africaine se dirigent principalement vers les métropoles impérialistes » (15), le fait que la sociologie du développement se penche résolument sur l'étude des rôles des chefferies islamiques constituant des bourgeoisies rurales africaines dans ce processus n'est pas non plus sous-estimable.

De telles tentatives esquissées par J. Copans (16) méritent plus que jamais d'être poursuivies. Car, il y a une sorte d'intelligence entre les chefferies africaines d'obédience musulmane, la plupart du temps principales bourgeoisies rurales et la classe capitaliste internationale concernant les projets de développement rural.

(15) Meunier R., « L'aide d'urgence et les nouveaux projets de développement », in J. Copans (sous la direction de), *Sécheresses et famines du Sahel*, I, Maspéro, Paris, 1975, 155 p., pp. 109-129, p. 111.

(16) Copans J., *Les marabouts de l'arachide*, le Sycomore, 1980, 263 p. Cependant, il est à noter que J. Copans est un anthropologue.

Cette intelligence se tissant même à partir des représentations contradictoires que se font les différents acteurs historiques que sont les classes du développement rural introduit des dépendances et des dominations en milieu villageois. Le sens du développement rural en découle. Et dans le cas spécifique qui fait l'objet de cette étude, il importe actuellement de voir les réactions paysannes face à ces phénomènes. Réactions à partir desquelles nous pourrons saisir la question des dynamismes sociaux.

CHAPITRE VII

Les réactions paysannes et la question des dynamismes sociaux en milieu rural dans le nord du Cameroun

L'étude que nous sommes en train de mener sur les interactions entre les différents acteurs sociaux du développement rural dans le nord du Cameroun a déjà révélé un certain nombre de contradictions les régissant. Ces contradictions aboutissent aux conflits sociaux. Ceux-ci sont de natures diverses. Par-ci des conflits relevant des simples catégories sociales. Par-là nous en avons relevant de certaines classes déjà existantes en milieu rural. Les réactions paysannes ici sont fonction de tous ces conflits.

Si l'étude des rapports sociaux des différents acteurs du développement rural débouche nécessairement sur la problématique des classes dans le nord du Cameroun rural, c'est que les réactions paysannes doivent être appréhendées en termes de leurs véritables luttes.

Même si nous avons déjà signalé certaines expressions de ces luttes, les réactions paysannes devant la trilogie dépendante et dominatrice nous permettront de mieux cerner leur portée historique et de voir réellement si les réactions paysannes passent ici par et pour des luttes de classes.

Généralement, les dépendances et les dominations paysannes naissent à partir de l'agriculture commerciale en Afrique. Si dans la société précapitaliste les dominations paysannes par certaines classes aristocratiques ou féodales existent, leur dépendance au grand capital international qui nous intéresse ici n'est pas encore un fait. C'est donc l'avènement des cultures d'exportation : arachide, coton, etc. en Afrique soudano-sahélienne qui a lié les paysanneries de la zone au grand capital.

L'histoire sociale africaine nous fait revivre à ce titre certaines réactions paysannes. Dans le Bas-Zaïre, Paul Demunter analyse ce processus (1). Il démontre que les réactions paysannes qui se sont exprimées en termes de révoltes sanglantes contre le pouvoir colonial naquirent entre autres des nouvelles institutions et lois administratives liées au projet de réformes des institutions locales, aux cultures obligatoires réintroduites par l'ordonnance-loi du 20 février 1917, et à l'exploitation par la grande propriété capitaliste.

Les protestations et revendications en zone rurale sont dénombrées par l'auteur selon un tableau spécifique configurant les données suivantes durant les périodes 1919-1923 et 1933-1938.

Tableau 21

Années	Révoltes, Rébellions	Sectes et sociétés secrètes	Refus des obligations légales
1919	15	4	11
1920	9	3	1
1921	11	10	4
1922	6	6	-
1923	11	3	1
1933	7	5	7
1934	11	11	4
1935	10	10	6
1936	3	9	3
1937	2	5	3
1938	1	8	6

Source : P. DEMUNTER, *op. cit.*, p. 250

Les réactions paysannes ici se matérialisent sur une pluralité de formes : sociale, économique, politique, religieuse (le messianisme connu à l'époque).

Toujours en interrogeant l'histoire sociale africaine, d'autres formes de réactions paysannes apparaissent. Elles sont liées aux cultures « obligatoires » ou cultures d'exportation. Ces réactions s'expriment par des migrations. Monique Lakroum, étudiant les mouvements pendulaires en milieu rural sénégalais, rapporte que :

(1) Demunter P., *Masses rurales et luttes politiques, op. cit.*

> « l'existence de la culture arachidière et les exigences de la traite en force de travail provoquèrent des déplacements plus nettement circonscrits dans le temps comme dans l'espace. Contrairement aux migrations anciennes, il y avait de moins en moins de possibilités de stabilisation et le déplacement était devenu un acte essentiellement individuel (2). »

Ces mouvements migratoires contribuèrent à créer de nouveaux villages et engendrèrent ce qu'on appelle actuellement au Sénégal les navétanes (migrants saisonniers à la recherche de travail).

Les données quantitatives relevées par l'auteur, relatives au nombre de navétanes au Sine-Saloum de 1926 à 1960, se matérialisent ainsi :

— 1926-1939 : 46 147,
— 1940-1948 : 23 177,
— 1949-1960 : 22 710 (3).

Il est cependant à noter que nous considérons le navétanat comme une réaction paysanne dans la mesure où le paysan se sentant dépossédé par l'agriculture commerciale, facteur essentiel de ses dépendances et dominations, n'a d'autre réaction que de se rabattre vers le navétanat qui n'est autre qu'une forme de migration, seule alternative possible pour lui.

Vivant également une expérience de l'autogestion d'un aménagement dans une communauté villageoise du Niger (Mullera), Guy Belloncle rapporte les principales réactions du monde paysan (4).

Pour cet auteur, les réactions paysannes partent dans le cas vécu des redevances liées aux charges d'exploitation. Les impayés qui résultent de la situation constituent la réaction paysanne à l'égard de l'économie marchande diffusée en milieu rural par le projet :

> « Il est apparu, dit l'auteur, que les paysans considèrent comme tout à fait "justifié" (sic) le paiement des redevances tant que ces dernières ne représentent pas plus d'un tiers du coton vendu (...). C'est au-dessus de cette norme que commence la contestation... (5) »

(2) Lakroum M., *op. cit.*, p. 107.

(3) Lakroum M., *op. cit.*, p. 110.

(4) Voir Belloncle G., *Le chemin des villages*, L'Harmattan, ACCT, Paris, 1979, 286 p., pp. 75-93.

(5) Belloncle G., *op. cit.*, p. 83.

En nous limitant à ces trois auteurs, un canevas de recherche peut être tracé pour l'étude des réactions paysannes aux dépendances et dominations.

Les réactions paysannes peuvent naître et s'exprimer sous diverses formes, du social au politique en passant par l'économique et le métaphysique et en se matérialisant par des luttes sanglantes.

Dans le nord du Cameroun, les réactions semblent davantage s'originer dans le cadre économique.

En effet, il s'agit de voir à quels dynamismes sociaux ces réactions peuvent renvoyer, ce qui implique la prise en compte du phénomène de lutte des classes en milieu rural. Cependant, nous avons évoqué plus haut un certain nombre de luttes des classes. Dans le cadre de l'étude des réactions paysannes et des dynamismes sociaux, il est question d'examiner si on peut parler de véritables luttes des classes au nord du Cameroun. Notre analyse privilégiant les rapports sociaux entre les divers acteurs du développement rural, c'est à travers une telle problématique que nous pouvons aborder les réactions paysannes.

Nous disons que les réactions paysannes naissent notamment ici dans le contexte économique. Nous les analysons à travers quatre phénomènes : le refus de la culture cotonnière, la prolifération du « secteur informel », les cérémonies théologiques, les migrations.

I — LE REFUS DE LA CULTURE COTONNIÈRE

Dans la zone intéressant cette recherche, le refus de la culture du coton revêt un certain nombre de formes. Le coton, nous l'avons déjà vu, est synonyme de certaines représentations pour le paysan (société industrielle avec l'argent, classes dominantes, impôt, cycle d'endettement, etc.). Aussi son refus de ce produit configure-t-il son abandon au profit des cultures vivrières, (dont notamment les oignons, le voandzou, les mils et sorghos), l'utilisation de certains inputs comme les engrais pour les cultures préférées du paysan et le refus de ce dernier de faire partie des blocs de coton.

S'agissant de l'abandon du coton pour les cultures vivrières, il est vivement ressenti dans certains lamidats à l'instar de ceux de Dumru et de Karhay (secteur tupuri). Les planteurs fulbé et tupuri y investissent plus pour les oignons, les mils, les sorghos et le voandzou. Cet investissement n'implique pas nécessairement l'abandon total du coton. C'est que ce dernier est très peu pratiqué et le nombre de planteurs qui s'y consacre est très réduit. C'est un renversement de situation : alors qu'ailleurs la culture du coton est la plus privilégiée, dans les lamidats de refus elle devient la culture d'accompagnement. Le grand problème étant que son abandon systématique n'attire pas l'attention des laamibé. A Dumru par exemple, nos enquêtes relatives aux pourcentages et superficies moyens des cultures par concession révèlent 0,15 ha pour le coton et 2,08 ha pour les cultures vivrières dont le sorgho blanc (yolobri), le sorgho rouge (djigari), le mil pénicillaire (yadiri), le mil jaune repiqué (muskwari), le mil blanc repiqué (babouri), les oignons et les autres vivriers sur une superficie moyenne par concession de 2,23 ha. Or à Mumur, le coton, ne faisant pas encore l'objet de refus, couvre 2,66 ha. De même, à Boboyo, 17% de surfaces sont couvertes par le coton sur une superficie moyenne par concession de 3,05 ha. Dans les lamidats où le coton fait l'objet de contestation à l'instar de celui de Dumru déjà évoqué, comme Guidiguis et Doubané, le sorgho rouge occupe de 17 à 40% des surfaces sur des superficies moyennes par concession de 2,94 ha et 2,924 ha. Le coton n'y représente respectivement que 0,35 ha et 0,83 ha.

De même, dans la plaine du Diamaré, les surfaces cultivées par concession pour les cultures vivrières par rapport à celles du coton sont les plus denses. Pour le Muskwari, elles varient de 0,58 à 1,43 ha dans les lamidats de Bogo, Balaza-Lawane, Godola ; et celles de coton de 0,28 à 0,43 ha.

En outre, dans les lamidats qui sont à prédominance peule, compte tenu des rapports de clientèle entre leurs chefs et les agents des pouvoirs modernes, une « myopie » voulue s'observe bien entre les sous-préfectures et ces zones musulmanes bien que les subventions présidentielles aillent aussi aux paysans et éleveurs de ces zones (6).

A Karhay, malgré les mécanismes de contrôle pour encourager la production cotonnière, les femmes, voire les hommes, préfèrent faire accompagner quelques cotonniers par la culture du voandzou. En allant vers Yagoua, des planteurs venant de Karhay laissent les activités relatives au coton pour se lancer dans la pêche

(6) Dans le cadre de la dernière campagne de redynamisation de l'UNC, le président Biya a accordé une subvention de 500 millions de francs CFA aux éleveurs de l'Adamawa. Cette subvention au fond obéit aux lois du clientélisme entre la classe dirigeante et les musulmans, comme les importantes « enveloppes » envoyées aux laamibé au lendemain des événements du 6 avril 1984.

à Maga. Dans le secteur même de Kaélé, d'autres préfèrent aller pêcher au grand lac de Léré.

Dans le secteur tupuri, à Guidiguis, Dubané, Bizili, Tulum, près de 45% de paysans ne cultivent que les mils et sorghos, selon nos enquêtes informelles. Une bonne quantité représente également des éleveurs qui n'ont du temps que pour leurs troupeaux.

Une autre manière de refuser la culture du coton consiste à utiliser les engrais qui lui sont destinés pour les champs des sorghos. Un tel phénomène est très répandu dans les lamidats de Muturua et de Midjivin, voire dans la plaine du Diamaré. Dans ces derniers,la précarité des sols cristallise le refus du coton. Le paysan préfère encore utiliser des sols pauvres pour ses mils et sorghos. Les engrais empruntés auprès de la SODECOTON l'aident à produire le vivrier, ce qui entraîne des arriérés coton dont nous avons déjà parlé, voire des impayés d'engrais.

A ce titre, le phénomène des impayés s'inscrit en lignes de force dans celui du refus du coton intensif. Il serait intéressant de noter que selon la même logique, l'existence des champs de coton traditionnels dans la plupart des lamidats témoigne du refus du coton intensif par un très grand nombre de chefs de concession.

Enfin, le refus d'appartenir aux champs communautaires (blocs de coton) par un certain nombre de paysans libère ces derniers de la culture cotonnière et les rend libres de pratiquer les cultures de leur choix. Plusieurs paysans préfèrent souvent ne pas être présents aux réunions présidées par le laamido relatives au blocs de coton. Ceci leur consacrant une grande chance de ne pas y participer. Ils sont alors libres de travailler les cultures de préférence.

II — LA PROLIFÉRATION DU « SECTEUR INFORMEL »

Nous définissons le « secteur informel » comme un ensemble d'activités économiques où le paysan maîtrise encore les systèmes de production. Ceci sous-entend qu'il contrôle non seulement tous les moyens de production mais aussi le procès de commercialisation des produits. Notre zone d'enquête fait observer un certain nombre d'activités rentrant dans un tel cadre. Ces activités sont prolifériques dans la mesure où elles sont quantitatives dans différents lamidats.

Pour échapper aux mécanismes de dépendances et dominations, les petits paysans de Koza développent une intense activité liée à l'artisanat. Une pléthore de fabrications traditionnelles d'assiettes, cuillers, cendriers, bonnets, etc. s'observe ainsi dans le Mayo-Sava mais aussi à Dourbeye aux environs de Guider.

La fabrication des nattes, marmites, calebasses, poufs, toitures, etc. libère le paysan de la servitude du coton. Lorsque nous avons posé la question aux artisans Mafa de savoir s'ils cultivent le coton, ces derniers nous ont répondu que le coton les a déçus en matière de rémunération, que leurs objets sont plus profitables que lui. Dans les plaines du Mayo-Sava, de nombreux paysans agglutinés dans les saaré ne s'adonnent qu'aux travaux artisanaux ; d'autres groupes de paysans isolés s'observent devant les cours confectionnant des barrières en « secco ».

La première impression que l'on a de ces paysans est qu'ils veulent échapper à la soudure. Car en attendant les semis c'est le seul genre d'activités auquel ils peuvent se consacrer. Ce facteur est d'ailleurs non négligeable pour la prolifération de ces activités. Mais durant la campagne 81-82 où nous étions systématiquement sur le terrain, ces travaux se sont progressivement révélés comme une véritable réaction paysanne contre la culture du coton. C'est que bon nombre de paysans allaient normalement aux champs, mais au lieu de cultiver du coton, ils se mettaient à tisser des nattes, des bonnets, etc. qu'ils allaient aussitôt vendre en ville. Ce qui fait que lors des marchés de coton, il y a parallèlement une intense commercialisation groupusculaire des produits du « secteur informel ».

III — LES CÉRÉMONIES THÉOLOGIQUES

Les cérémonies théologiques sont constituées pour nous par toutes les activités relatives aux sacrifices. Celles-ci sont souvent vues comme étant des activités non économiques. Ceci est certes dû au fait que les auteurs les ayant analysées n'ont pas tenu compte de cette réalité que la religion est le facteur le plus déterminant dans les systèmes de production du lamidalisme au nord du Cameroun (7). Dans la mesure où une forme d'idéologie reli-

(7) Voir notamment Fournier A., *Obstacles à l'innovation en milieu rural et en zone soudano-sahélienne, culture attelée et association agriculture/élevage*, Mémoire EPHE, 1972, 275 p.

Cet auteur explique les cérémonies théologiques en termes d' « investissements sociologiques » dont la prédominance sur les « investissements productifs » a été l'un des obstacles à l'innovation en milieu rural au nord du Cameroun. Presque dans la même acception, J.-M. Ela dans sa thèse, *op. cit.*, interprète le même gieuse légitime toute la production aussi bien chez les musulmans que chez les païens, les cérémonies théologiques rentrent dans le cadre des activités économiques pour s'assurer de bonnes récoltes. Plus, elles se constituent en réaction implorant les ancêtres et les dieux pour remédier aux injustices sociales dont le contenu est la disparité des revenus, les dépendances et dominations évoquées. C'est le recours à la sacralité, quelquefois seule réaction possible d'un paysannat sahélien marginalisé.

Faute de mieux, et eu égard à un pouvoir d'achat très bas, le petit paysan préfère investir pour l'au-delà, dans l'espoir de s'assurer les bonnes grâces des dieux qui se traduiront par de bonnes récoltes de mil vitales, ne fut-ce que pour sa reproduction simple. Les cérémonies théologiques concrétisent ainsi une relation idéologique liant le paysan à l'imaginaire et constituant un recours à ce qui selon sa logique semble « mieux ».

Notre préoccupation n'a pas été ici de décrire ces cérémonies. L'on n'a qu'à se référer aux deux auteurs suscités. Notre intérêt se porte plus sur leur signification sociologique dans un contexte socio-économique dominé actuellement par le mode de production capitaliste.

IV — LES MIGRATIONS

Les migrations sont à la une d'une forte littérature sociologique ou socio-économique relative aux milieux ruraux africains au cours de ces dernières années. Pierre Philippe Rey nous semble avoir posé leur problème de fond. Selon ce chercheur, les migrations sont les conséquences de l'exploitation paysanne (8). Ceci

phénomène sous forme de « cérémonies sacrificielles », ce n'est pas là son tort. Ce dernier réside dans le fait que l'auteur ne fait pas de lien entre l'idéologie religieuse et la production économique au Nord Cameroun. Les dépenses des montagnards qu'il déplore pour ces cérémonies les consacrent en plus comme véritables faits économiques.

(8) Rey P.-Ph., « Les formes de la décomposition des sociétés précapitalistes au Nord Togo et le mécanisme des migrations vers les zones de capitalisme agraire », in Samir Amin (sous la direction de), *L'agriculture africaine et le capitalisme*, op. cit., pp. 233-256.

Voir aussi les études présentées par le même auteur in *Capitalisme négrier : la marche des paysans vers le prolétariat*, Maspéro, Paris, 1976, 211 p.

On se reportera également à N'Diaye J.-P., *Négriers Modernes*, Prés. af., Paris, 1970, 127 p., notamment les chapitres IX et X.

Amselle J.-L. (sous la direction de), *Les migrations africaines*, Maspéro, Paris, 1976, 126 p.

pose les migrations comme forme de réaction paysanne, comme le navétanat au Sénégal.

S'agissant du nord du Cameroun, les études relatives aux migrations se caractérisent malheureusement par l'archaïsme de leurs données. Même le récent ouvrage publié par l'ORSTOM en 1984 aborde les problèmes migratoires de manière relativement classique (9). Il insiste surtout sur la descente des montagnards en plaine et sur les migrations guiziga. Ce qui paraît plus une reprise des données ayant déjà été publiées par un ouvrage antérieur, devenu lui-même classique (10). Dans ces deux ouvrages, les migrations sont abordées de façon sectorielle : seulement dans les zones massifs — Mora et Muturua-Mussurtuk et quelques zones environnantes. Plus, les migrations ne sont pas replacées dans un contexte socio-économique général lié à la formation sociale actuelle qui nous intéresse particulièrement. Ce qui occulte l'approche migratoire dans le capitalisme agraire prévalant dans le Nord Cameroun actuel.

Cependant, G. Pontie y parle de la migration comme forme de contestation, ce qui rejoint effectivement une forme de réaction paysanne. Mais si nous sommes d'accord avec lui sur le principe, nous rejetons systèmatiquement le fond de son argumentation. A le suivre, on a du mal à comprendre ce qu'il entend par premier mouvement migratoire : « On pourrait donc dire très schématiquement, dit l'auteur, que le premier mouvement migratoire est une forme de contestation de l'ordre établi. » (11) Or, les données quantitatives qu'il utilise montrent ceci : la plupart des déplacements couvrent de faibles distances ; 87% des déplacements des migrants aboutissent à Moulva, 70% à Mussurtuk, 66% à Maroua ; 57% de déplacements se sont effectués à Mindif sur une distance de 20 km. Certes ce sont des « migrations internes » comme le dit très bien l'auteur, mais leurs données ne revêtent pas l'aspect d'une contestation puisque l'autorité contestée dans le village d'origine présente les mêmes formes sinon pires dans la zone d'accueil. Comment peut-on contester un ordre qu'on va retrouver au lieu de refuge ? Les paysans ne sont-ils plus, comme le note à juste titre l'auteur lui-même, « conscients de l'importance des tâches qu'ils

(9) *Le nord du Cameroun, des hommes, une région*, ORSTOM, Collection Mémoires n° 102, Paris, 1984, 551 p.

(10) *Le nord du Cameroun, bilan de dix ans de recherches*, ONAREST, CGN, CSES, TD ISH, n° 19, Ydé, 2 vol., 562 p. mult.

(11) *Le nord du Cameroun, des hommes... op. cit.*, p. 348.

accomplissent (...) désireux de surcroît de compenser leur infériorité de statut au sein de la société traditionnelle... » qu'ils retrouvent avec ses mécanismes d'exploitation, ses pesanteurs sociologiques liées à une forte hiérarchisation du système lamidal, dans les zones d'accueil ?

De même, parlant des migrations internes, sauf Banki au Nigéria, Pontie les circonscrit dans les zones en plein système lamidal, l'arrondissement de Mora, la région de Kaélé-Dumru où les mêmes logiques de commandement président pourtant à la reproduction sociale dans le lamidalisme. Or, le paysan est bien conscient que le même système prévaut partout dans ces secteurs du Nord Cameroun depuis la descente des montagnards en plaine qui a eu comme solde sociologique la remontée de plus de la moitié dans les massifs. Dès lors, les mêmes questions posées plus haut reviennent en force. L'attrait du potentiel agricole recélé par certaines zones dont parle l'auteur implique-t-il la destruction des mécanismes d'exploitation, d'inégalités et de dominations inhérents au système lamidal lors de l'installation du migrant ? Le paysan sait que non. C'est à ce titre que nous sommes tenté de dire avec J. Boutrais, A.Beauvilain, P. Gubry que ce ne sont pas des migrations mais une simple mobilité interne des populations (12). Plus profondément, nous constatons que ces mouvements, qu'ils soient migratoires ou de simples mobilités des populations, ne représentent nullement des réactions paysannes, ces dernières visant plus à éclipser le système lamidal qu'à le reproduire.

Les migrations qui entrent dans cette logique peuvent s'effectuer de façon interne, dans le rayon lamidal. Mais ce qui importe c'est le type d'activité auquel s'adonne le migrant dans la zone d'accueil. Le plus souvent, c'est un type d'activité tendant plus à l'autonomiser, à le libérer des prestations socio-religieuses ou purement lamidales. C'est le cas d'une forte quantité de dix mille Tupuri qui se sont installés à Pitoa près de Garoua et qui pratiquent maintenant le commerce. Près de douze mille Tupuri du secteur Est-Kaélé se trouvent aussi à Douala où ils travaillent dans des entreprises industrielles comme manœuvres. Selon une enquête menée par J.-C. Barbier, G. Courade et J. Tissandier dans le complexe agro-industriel de Mbandjock, les Tupuri et les Massa du Centre-Nord représentent (13) une forte proportion de tra-

(12) In *Le nord du Cameroun, des hommes.. op. cit.*, p. 317.

(13) Barbier J.-C., Courade G., Tissandier J., *Complexes agro-industriels au Cameroun*, TD. ORSTOM, Paris, 1980, 281 p.

vailleurs de 60,7%. Dans le Nord Cameroun, les Mundang, les Guiziga, les Mafa émigrent vers des villes où ils deviennent ouvriers dans les usines d'égrenage de la SODECOTON. Près de 65% des jeunes désertent les villages pour devenir tailleurs, bouchers, tisserands dans les villes. Des éleveurs transhument par Mokolo-Badaji où ils se retrouvent au Nigeria et au Tchad afin de fuir l'emprise lamidale. Les fermages payés aux grands chefs du Nigeria par exemple ne sont pas aussi lourds que les prestations lamidales.

De telles migrations nous paraissent résulter à la fois des causalités et des conséquences purement économiques. Ici les paysans éleveurs émigrent lorsque leur reproduction est devenue incertaine et dès lors que leur exploitation par le système lamidal est en passe de devenir insupportable dans les villages d'origine.

Ces différentes réactions renvoient-elles à des dynamismes sociaux dans le milieu rural nord camerounais ?

Il ne peut y avoir de véritables dynamismes sociaux que dans la mesure où les acteurs historiques que sont les classes sociales sont parvenus à acquérir une conscience d'engager les luttes qui seules dans un contexte tel que celui du Nord Cameroun peuvent libérer les petits paysans et occasionner des changements structurels. On assiste, certes, à certains changements sociaux dus à la culture islamique et au mode de production capitaliste, bref au système lamidal. Nous avons évoqué plus haut de tels changements affectant surtout les structures agraires.

Cependant, au niveau des réactions paysannes dont nous avons déjà parlé de véritables dynamismes sociaux n'apparaissent pas. Ces réactions sont de nature paisible et n'entraînent pas de situations frontales à l'instar de celles du Bas-Zaïre. Des changements de nature individuelle, groupusculaire, concernant spécifiquement des revenus peuvent s'opérer. Par la culture des oignons, du voandzou, des mils et sorghos, mais aussi le « secteur informel », une catégorie de paysans peut faire augmenter ses revenus. Par les migrations, certaines communautés villageoises peuvent se créer, comme celle de Kourbi à l'est de Kaélé. En général, ces mouvements président à un élargissement spatial et à une augmentation de revenus, mais ce sont là des changements non structurels. Ils n'ont rien à voir avec les dynamismes sociaux qui impliquent des changements aussi bien qualitatifs que quantitatifs et qui obéissent aux lois de la dialectique sociale.

En effet, l'étude des rapports sociaux entre les différents acteurs du développement rural amène à poser la problématique des dynamismes sociaux en termes de luttes de classes. Or, la dynamique des classes et leurs luttes dans le nord du Cameroun semble avoir suivi une courbe descendante : si le système lamidal a présidé à la formation des nouvelles classes, il a par contrecoup étouffé l'émergence d'une véritable conscience de classe chez les petits paysans. Les grands ordres sociaux dont nous avons largement parlé sont certainement parvenus à constituer une classe en soi et pour soi, mais les petits paysans ne constituent encore qu'une classe en soi. L'idéologie religieuse, déterminante dans le système lamidal, procède à une régulation des rapports sociaux qui empêche les classes rurales inférieures de devenir une classe pour soi par l'acquisition d'une conscience de classe. Ainsi, sans conscience de classe, toute véritable lutte de classes est impossible.

Les réactions paysannes évoquées ne sauraient donc être taxées de lutte des classes. Leur caractère individuel, sporadique, groupusculaire, les consacrent comme réactions isolées. Certains paysans ne sont même pas conscients des dominations et dépendances auxquelles ils sont assujettis et dont nous avons déjà parlé. Ils ne peuvent pas réaliser que le pôle de leur cloisonnement jusqu'aux acteurs extra-lamidaux est la classe des grands ordres. Aussi, malgré des réactions spontanées, le petit paysan reste-t-il aliéné, lié à son laamido par un rapport façonné par un type d'idéologie religieuse légitimant toute la reproduction du système. Par voie de conséquence, les dynamismes sociaux ou les changements structurels pouvant aller vers le renversement du rapport de forces qui est en filigrane dans notre typologie de classes restent bloqués.

Les dynamismes sociaux dans le nord du Cameroun ont déjà été amorcés par l'islam et le mode de production capitaliste dont le paramètre essentiel est la culture cotonnière. Au stade de la formation sociale rurale, au vu des stratifications qui lui sont inhérentes, de véritables dynamismes ne résulteront que de la lutte des petits planteurs contre les classes dominantes. Le problème est donc de savoir maintenant quel est l'élément déterminant de cette lutte.

Nous disons tout de suite la conscientisation. Et pour répondre à fond à la question, nous posons cette autre question : par où passe la conscience de classe du petit paysan dans le nord du Cameroun ?

Dans d'autres sociétés sahéliennes africaines dont notamment le Sénégal, certains chercheurs ont tenté de répondre à cette question. J. Copans (14) étudiant le mouridisme et notamment les

(14) Copans J., *Les marabouts de l'arachide, op. cit.*

rapports sociaux entre le marabout et le taalibé, semblables à plus d'un titre à ceux qui existent entre le laamido et son paysan-sujet (au niveau des rapports de production), dit que la conscience de classe du taalibé ne peut émerger que par son alliance avec le prolétariat sénégalais.

Youssouph M. Guisse abonde en le même sens quand il dit que :

> « Le problème fondamental de l'Afrique est l'industrialisation. Et il existe une classe qui est dans la situation objective de l'entreprendre. Le prolétariat africain, en effet, par sa participation à la forme de production la plus évoluée à laquelle l'humanité soit parvenue — l'industrie — par son articulation qualitative aux forces productives, est la seule classe en Afrique en situation privilégiée de penser et d'engager le processus de l'industrialisation et la liquidation du sous-développement... (15) »

En filigrane, les deux auteurs disent la même chose : le prolétariat est la seule vraie classe révolutionnaire comme l'avaient dit avant Marx et Engels dans le *Manifeste*. C'est dire que seul le prolétariat industriel est porteur, voire propagateur de la conscience de classe en Afrique.

En effet, on ne saurait nier le rôle déterminant et historique du prolétariat dans les dynamismes sociaux. Mais en Afrique, l'ampleur de la paysannerie par rapport au prolétariat industriel consacre un manque de cadre institutionnel à un tel point de vue. Dans les pays où les paysans couvrent plus de 80% de la population nationale, une telle vision occulte la réalité. Si comme le dit Babacar Sine : « le marxisme demande à s'enrichir d'une confrontation systématique de sa propre théorie avec les réalités africaines contemporaines » (16), il conviendrait de spécifier en Afrique ce qu'est le prolétariat en le cernant et en délimitant ses contours eu égard aux différentes classes pauvres partout présentes.

Nous pensons que le prolétariat, qu'il soit industriel ou rural, est presque victime des mêmes tares en Afrique. Il se constitue des individus limités par l'accès à la connaissance de l'actualité. Ils ignorent tous les textes régissant leur production et donc aucun cadre juridique ne peut leur donner l'occasion de percevoir les contradictions et de prendre valablement conscience de leur situation objective. En outre,le grand problème du prolétariat africain

(15) Guisse Y.-M., *Philosophie, culture... op. cit.*, p. 102 et suivantes.

(16) Sine B., *Le marxisme devant les sociétés africaines,... op. cit.*, p. 10.

actuel c'est l'inexistence de structures pouvant lui permettre de revendiquer ses droits : au Cameroun par exemple aucun syndicat susceptible de cristalliser la conscience de classe auprès des petits producteurs n'existe : la conscientisation paraît plutôt un problème politique de nature démocratique.

Dans cet ordre d'idées, l'éducation paysanne toujours menée par les organismes de développement rural, ponctionneurs et représentant la classe capitaliste internationale aliène plus la paysannerie ; tout se passe comme s'il fallait attendre les productions de la société elle-même dans les formes les plus achevées de leurs contradictions pour que la classe des petits producteurs parvienne à sa prise de conscience et engage des luttes afférentes.

Les réactions paysannes, dont nous avons déjà parlé, dans le nord du Cameroun constituent un embryon de conscientisation corrélatif aux propres productions sociales du milieu rural. Ce sont les productions contradictoires de la formation sociale qui, dans leurs formes élevées, rendront objective au petit paysan sa situation de dépendant et de dominé. Les productions sociales contradictoires informeront donc ici de véritables changements structurels, de véritables dynamismes sociaux.

Les productions sociales contradictoires ne sont autres que les contradictions nées des changements amenés par l'islam et le mode de production capitaliste au niveau des systèmes de production. Ainsi, les changements connus par la circulation des terres, les rapports de production, la symbolique de l'espace, bref des structures agraires constituent un premier volet des productions sociales contradictoires dans le nord du Cameroun. C'est par leur exacerbation que passe pour nous la conscience de classe du petit paysan.

Les observations de terrain amènent à prendre cette position. Plus l'accaparement des terres par les laamibé et la SODECOTON évolue dans certaines communautés villageoises, plus les petits planteurs réagissent sous les formes ci-dessus évoquées.

Plus les pesanteurs sociologiques en termes de prélèvements et prestations socio-religieux deviennent insupportables, comme dans les communautés guiziga de Mumur et de Muturua, plus les paysans réalisent leur situation d'assiégés et migrent.

La conscience de classe du petit paysan évolue ainsi progressivement par les sécrétions contradictoires de la société elle-même.

Un autre facteur milite en ce sens : le manque de rapports clientélistes entre le laamido et son sujet.

Contrairement à ce qui s'observe dans d'autres sociétés musulmanes, dont notamment les Mourides du Sénégal, le paysan n'attend rien du laamido pour sa sécurité au nord du Cameroun. J. Copans, dans *les Marabouts de l'arachide* (17), a montré que les marabouts peuvent défendre leurs taalibé, que le maraboutisme à Tuba, Diourbel, Siné-Saloum était en passe de devenir le premier syndicat noir en Afrique sahélienne. C'est que le marabout défend les intérêts de son taalibé, revendique même pour lui.

Le marabout prend charge de certains problèmes sociaux de son sujet, allant jusqu'à faire obtenir des bourses d'études aux enfants de ce dernier. Le marabout assiste socialement son sujet en cas de maladie. Il y a donc un échange de services entre le marabout et son sujet qui lui paie des redevances et prestations instituant un clientélisme. Ainsi, le marabout se place comme garant des intérêts du paysan ; ce fait ne responsabilise pas directement ce dernier et contribue à freiner sa prise de conscience de classe. Toutes ses revendications sont polarisées par le marabout et répercutées auprès des instances appropriées avec risque de déformation.

Or, dans le nord du Cameroun, le seul facteur de régulation de la conscience de classe du petit paysan est la religion. Aucun paramètre extra-religieux ne voile le rapport de classes entre le laamido et le petit planteur. L'exposition manifeste de ce rapport amène facilement le petit planteur à réaliser son état d'exploité. Cette réalisation dans certains cas se matérialise par le refus de certains petits planteurs d'aller travailler dans les champs des laamibé. Un tel phénomène est largement vécu à Kourbi, voire en général dans le secteur tupuri.

De même, certains petits planteurs refusent la paie des prestations sociales aux laamibé. Durant notre dernier séjour dans le Mayo-Uldémé, le laamido a exigé de chacun de ses sujets 100 F CFA pour alimenter son trésor. Un paysan a refusé. Le laamido a envoyé sa garde chez lui. Cette garde a confisqué un mouton du paysan qui a été consommé. Le paysan est parti porter plainte contre le laamido et tous ceux qui ont mangé le mouton. Ces derniers ont été condamnés à trois mois de prison. Le laamido a reçu des blâmes. Ce fait banal traduit une réalité profonde : le manque de rapports de clientèle entre les grands chefs musulmans et leurs sujets permet à certains de ces derniers d'accéder plus facilement à la reconnaissance de leur position de spoliés. Les produc-

(17) *op. cit.*, voir aussi Coulon Ch., *Le marabout et le prince (Islam et pouvoir au Sénégal)*, op. cit.

tions sociales contradictoires sont à cet effet décisives dans le processus de conscientisation des petits paysans.

L'école serait également déterminante dans ce processus. Sans nier son rôle important dans la reproduction sociale (18), l'observation sur le terrain révèle que dans les concessions où l'on trouve des jeunes scolarisés ayant déjà accédé aux classes terminales, leurs parents comme eux-mêmes sont réticents envers le pouvoir lamidal et le système auquel il renvoie. Sur dix saaré où l'on recense des jeunes scolarisés, huit chefs de concession participent plus ou moins aux exigences du système lamidal. Leurs enfants scolarisés acceptent mal qu'ils travaillent gratuitement chez les chefs, qu'ils leur paient des tributs et d'autres prestations, etc. Mais le seuil de scolarisation, très limité ici, est préjudiciable à ce processus. A peine obtenu le brevet d'études ou le baccalauréat, ces enfants sont portés vers les villes pour trouver un emploi, se coupant ainsi de leurs parents.

A ce titre, le pourcentage d'analphabètes est encore très fort dans le nord du Cameroun comme le montre le tableau ci-après :

Tableau 22

Pourcentage d'analphabètes (deux sexes réunis) dans quatre vieux départements

	15-24 ans	25-34 ans	35-44 ans
BENOUE	66,7 %	78,2 %	82,9 %
DIAMARE	67,2 %	81,2 %	84,3 %
MAYO DANAY	76,8 %	90,6 %	96,1 %
MARGUI-WANDALA	87,9 %	93,0 %	93,6 %

Source : *Le nord du Cameroun, des hommes, une région, op. cit.* p. 468.

Tous ces départements englobent les zones intéressant notre étude dans le Nord Cameroun. L'ancien département de la Bénoué regroupe encore les lamidats de Guider, celui du Diamaré, ceux de Kaélé, Guidiguis, celui du Mayo-Danaï, une partie du sec-

(18) Voir Bourdieu P. et Passeron J.-C., *La reproduction (éléments pour une théorie du système d'enseignement)*, Minuit, Paris, 1970, 279 p.

teur tupuri et celui du Margui-Wandala, l'actuel département du Mayo-Tshanaga où on retrouve les lamidats de Mokong, Méri, Guétalé, etc.

Le taux élevé d'analphabètes consolide ici l'obscurantisme et fait régresser le processus de conscientisation. Ces facteurs qui bloquent l'émergence d'une véritable conscience de classe au niveau du petit paysan posent en dernière analyse le problème de la portée historique des réactions paysannes dans le nord du Cameroun.

V — RÉACTIONS PAYSANNES ET HISTORICITÉ DANS LE NORD DU CAMEROUN

La portée historique des réactions paysannes ici renvoie au problème de l'historicité. Le problème des dynamismes sociaux est intimement lié à celui de l'historicité. C'est-à-dire que les réactions examinées ne peuvent entraîner de véritables changements sociaux que si elles aboutissent à la conquête de l'historicité par les petits paysans.

La conquête de l'historicité se présente comme une prise de pouvoir et la gestion de celui-ci par la classe exploitée (19).

Dans le cadre du Nord Cameroun, la quête de l'historicité est le pouvoir paysan. Celui-ci veut dire la maîtrise des moyens de production, le contrôle de la commercialisation de cette production par le petit producteur. C'est que les classes inférieures doivent devenir maîtresses de leur production sociale. Le problème du développement rural acquiert à ce niveau une dimension éminemment politique. Mais les réactions vues plus haut peuvent-elles amener à cela?

Non. Dans la mesure où elles ne configurent pas de véritables luttes des classes, elles sont dépourvues de toute portée historique. C'est le manque de cette portée historique qui hypothèque en même temps tous les dynamismes sociaux susceptibles de changer structurellement les communautés villageoises. On comprend paradoxalement là que le développement rural est loin d'apporter au paysan les changements dont il a besoin.

E. Palma Sanchez définit le paysan comme

(19) Voir Touraine A., *Pour la sociologie, op. cit.*

> « le producteur agricole, disposant soit de la propriété (dans le sens de la propriété privée conventionnelle) soit de la simple possession de la terre qu'il travaille (...). Il garde le contrôle sur sa production. Il applique à cette production son effort personnel ainsi que celui de sa famille (20) ».

Ainsi un paysan est celui qui contrôle encore ses ressources, les moyens de production, la force de travail et son produit final. Mais dans le cas du Nord Cameroun, le phénomène de dépossession et de marginalisation du monde rural entraîne que le paysan n'est plus maître de son système de production.

La marginalisation traduit le nouveau statut qui fera du petit planteur un agent historique dans le processus du changement social en milieu rural dans le nord du Cameroun. La portée historique des réactions paysannes dépend ainsi du degré de marginalisation ressentie comme dépossession par les petits producteurs eux-mêmes.

Ce qui veut dire en d'autres termes que le processus de prolétarisation exacerbée est capable d'amener les petits producteurs à briser le lien idéologique qui les rend dépendants du laamido, voire des autres classes supérieures. Cette prolétarisation liée aux projets de développement rural rend ces derniers générateurs des productions sociales contradictoires.

Les projets intégrés à l'instar du projet Centre-Nord qui,dans le nord du Cameroun en général, passent pour les plus paradoxaux et ambigus portent en leur propre sein les germes de la portée historique des véritables réactions paysannes. Les conflits amenés par les expériences de colonisation des terres à Mokyo et dans le Nord-Est Bénoué sont patents à ce propos. Ces projets visent à l'intégration des diverses populations musulmanes, mais dès que les petits exploitants se sentent lésés, ils ne manquent pas de réagir plus vigoureusement et d'une manière relativement homogène.

Ici se pose en dernière analyse le problème des contradictions inhérentes à l'interventionnisme en milieu rural. Comment ces contradictions amèneront-elles graduellement les classes inférieures à réagir de façon cohérente et à donner des colorations historiques à ces réactions ?

Dans la mesure où l'interventionnisme en milieu rural a pour acteur social essentiel (initiateur et décideur) la classe dirigeante, le pouvoir paysan,pour qu'il soit réhabilité dans un pays comme le

(20) Cité par Tchala Abina, *op. cit.*, p. 12.

Cameroun, où il manque un cadre démocratique d'expression, doit passer nécessairement par les luttes des petits producteurs contre les acteurs extra-lamidaux et le système lamidal. Les projets de développement rural se réduisant à la présence des technobureaucrates et de leurs relais locaux instaurent une véritable colonisation interne en milieu villageois.

Une lutte historique dont les conditions sont déjà évidentes est dès lors potentielle. Ces conditions se résument notamment à la présence ou mieux à l'existence des classes sociales en milieu rural. Le seul facteur déterminant de cette lutte est la conscience de classe à l'échelle des petits exploitants qui leur manque encore, mais qui, du reste, s'avère déjà embryonnaire.

Les réactions paysannes et les dynamismes qu'elles peuvent susciter nous permettent de comprendre les conséquences de la problématique du développement rural au nord du Cameroun. Ces conséquences se nouent autour de deux constats essentiels :

1) Malgré le succès de certains projets en termes de productivité, le développement rural au Nord Cameroun contribue à la dépossession des paysans voire à leur marginalisation.

2) C'est de cette marginalisation que des actions historiques menées par les classes inférieures résulteront et informeront de véritables dynamismes sociaux en milieu rural.

Le problème de fond ici est au niveau des acteurs sociaux du développement rural, dans leurs nouvelles relations sociales, dans les luttes potentielles qui les sous-tendent.

Ces luttes se trament de façon déterminante entre les petits paysans et l'aristocratie lamidale qui les régule encore. Cette régulation est extrêmement importante et mérite une dernière attention.

Comme nous le disions, les petits paysans sont confrontés à toutes les classes supérieures lamidales ou extra-lamidales. Mais, si cette confrontation n'aboutit pas encore aux épreuves de force de façon homogène et cohérente de la part des petits exploitants, c'est que la classe des laamibé joue un rôle régulateur déterminant. Celui-ci se situe au niveau :

a) des rapports sociaux idéologiques ;

b) des rapports sociaux politiques ;

c) des rapports sociaux économiques.

A) Les laamibé régulateurs des rapports sociaux idéologiques entre les petits paysans et les classes supérieures

Nous avons vu la nature des rapports sociaux idéologiques entretenus entre les laamibé et les paysans-sujets dont notamment ceux appartenant aux classes inférieures. Ce qui ressort d'un tel système est que ce n'est pas l'économique qui est déterminant en dernière instance. Le lamidalisme est plus un système socio-idéologique qu'un simple système économique en tant que tel. Ce qu'il convient de voir dans un tel système, c'est ce qui réfléchit, en dernière instance, la domination par l'économique. C'est-à-dire ce que Poulantzas appelle « matrice d'un mode de production ». Cette matrice est dans le système lamidal l'instance idéologique qui réfléchit en dernière instance la domination économique. C'est que l'économique attribue à l'idéologique le rôle déterminant. Ce dernier est dans le sytème lamidal la soumission personnelle du paysan-sujet envers le laamido au nom d'un type d'islam et, par conséquent, la légitimation d'un système d'inégalités, de dépendances et de dominations par l'instance idéologique.

Ainsi de la dépendance personnelle du paysan-sujet à son laamido ; ce même paysan se trouve automatiquement dépendant et dominé par l'idéologie bourgeoise libérale de la classe dirigeante et des grands industriels de la société capitaliste internationale. L'articulation du capitalisme avec l'islam, déjà vue plus haut à l'échelle des rapports sociaux économiques, se fait également au niveau des rapports sociaux idéologiques. Le schéma est donc celui-ci : du fait de la dépendance idéologique envers le laamido le paysan est du coup dépendant de l'idéologie libérale. L'idéologie religieuse cimente ici la dépendance des classes inférieures à la classe dirigeante, aux technobureaucrates de l'État et à la société internationale. Les luttes à portée historique qu'elles peuvent mener trouvent leur point de chute dans la classe des grands ordres sociaux : les laamibé. Les rapports sociaux idéologiques entretenus entre elle et le petit exploitant, d'essence religieuse, aliènent la conscience des classes inférieures.

B) Les laamibé régulateurs des rapports sociaux politiques entre les petits paysans et les classes supérieures

Le laamido en même temps qu'il encadre idéologiquement le paysan pour la dévotion au libéralisme, consciemment ou pas, l'encadre de même politiquement. Le lamidat constituant un électorat important pour l'UNC (21), les laamibé deviennent une véritable chasse gardée pour la classe dirigeante. Ils peuvent prendre n'importe quelle décision pour éliminer la moindre force centrifuge. Ils entretiennent donc la régulation des rapports sociaux politiques entre les petits exploitants et la classe dirigeante par une stricte observance des revendications politiques. Ce qui leur confère une fonction « tribunitienne », canalisant la domination politique paysanne par les classes supérieures. Le facteur politique, déterminant aussi dans l'éclosion de la conscience de classe du petit paysan se trouve étouffé par le religieux.

C) Les laamibé régulateurs des rapports sociaux économiques entre les petits paysans et les classes supérieures

Autorité religieuse, aval et amont de la conception de la vie économique du paysan, le laamido implique un type d'idéologie islamique qui masque la domination et camoufle en même temps le statut réel du petit producteur dans ses rapports sociaux économiques avec les classes supérieures. L'émergence de toute conscience de classe devient dès lors difficile.

Les fonctions régulatrices des rapports sociaux entre les classes rurales inférieures et supérieures entretenues par les laamibé bloquent encore actuellement le processus de conscientisation des marginalisés. Par conséquent, la présence de cette classe regroupant les grands ordres sociaux hypothèque les luttes paysannes dans la formation sociale rurale examinée ici.

Seules les lois de la dialectique sociale sont capables d'amener la distanciation entre les petits exploitants et les acteurs sociaux dominants. La coupure nette entre les laamibé et les classes rurales inférieures est une condition de plus pour l'organisation des petits paysans devant les luttes historiques qui les attendent. La démys-

(21) UNC : Union Nationale Camerounaise (Parti Unique), devenue aujourd'hui RDPC : Rassemblement Démocratique du Peuple Camerounais (Parti Unique).

tification des fonctions régulatrice et « tribunitienne » des laamibé constitue à elle seule un pas énorme vers la conscience de classe du petit paysan, vers les réactions à portée historique et vers les véritables dynamismes sociaux en milieu rural dans le nord du Cameroun.

La question de savoir quel développement rural pour quelle formation sociale apparaît dès lors éminente dans le contexte actuel de l'évolution des milieux ruraux nord camerounais. Dans la mesure où les luttes historiques ne semblent pas encore envahir le milieu rural, quelles peuvent être les perspectives de changement social par un développement rural au nord du Cameroun ?

CHAPITRE VIII

Perspectives de changement social par le développement rural dans le nord du Cameroun : le renversement des rapports sociaux de production actuels par les classes paysannes inférieures

Les chapitres précédents nous ont montré que les acteurs sociaux du développement rural au nord du Cameroun constituent eux-mêmes la problématique fondamentale de celui-ci. Depuis plus de vingt ans, ne peut-on pas dire comme le pense ce jeune homme arrivant dans un village africain dans un de nos textes :

> « Pour Ondoua, ce vieillard était l'échantillon de la misère de ce village. Il savait que pour cet homme et comme pour tous les autres villageois, l'indépendance était l'avènement des épidémies de maladies, de la pauvreté, de la famine, de la mort précoce qui se traduisaient en un tout générique : la misère (1). »

Dans un contexte de misère paysanne au nord du Cameroun, consacrée par la trilogie dépendante et dominatrice, le changement ne peut venir d'en haut, c'est-à-dire de la classe dirigeante, comme le pensent certains.

Cette manière de voir la véritable dynamique des milieux ruraux camerounais en général est d'autant plus aberrante qu'elle se trouve actuellement largement diffusée par une forte documentation (articles, thèses, actes de séminaires et colloques, etc.) disponible à la bibliothèque de l'Institut des sciences humaines du Cameroun. Aux conclusions desdits documents, des recomman-

(1) Motaze A., *Le circuit de la mort*, Éditions Actuelles, Paris, 1983, 107 p., p. 75.

dations sont toujours adressées à la classe dirigeante camerounaise. Recommandations allant généralement dans le sens du développement rural au profit des paysans.

Les auteurs de ces écrits tombent sans le savoir dans des projections purement « idéologiques » et donc subjectives. Ils sont le plus souvent obligés de partir des principes normatifs relevant de pures abstractions de l'esprit.

Le développement rural considéré comme une action sociale est d'abord une activité économique et par conséquent de production et d'échange. Dans ce cadre, il figure dans son procès des conditions matérielles d'existence où les acteurs se trouvent nécessairement imbriqués dans des rapports sociaux de production. Ceux-ci consacrent des rapports de force au sein de la structure de classe examinée. Ces rapports de force sont nettement en faveur de la classe dirigeante et des technobureaucrates ; et l'État camerounais sert la reproduction des inégalités sociales.

Dans le cadre même du libéralisme planifié où le principe de justice sociale est toujours retenu (2) par la classe dirigeante, l'intérêt aurait dû être porté depuis à tous et notamment aux paysans. Car le développement rural finance des structures non agricoles.

La contribution du secteur agricole à l'ensemble national peut se situer au niveau de quatre secteurs : le PIB, les exportations et recettes de l'État et sur les autres secteurs économiques et la vie sociale en général.

Le secteur agricole de 1960 et 1980 contribue au produit intérieur brut (PIB) à 48%. Ceci nourrit les populations, des industries en matières premières. Durant la même période, l'agriculture a contribué aux exportations pour un taux de 72% en 1977-1978 et financé un total d'importations de 60% en 1979-1980. S'agissant de sa participation aux dépenses de l'État, l'Office national de commercialisation des produits de base (ONCPB) (3) a prévu en 1978-1979 des recettes de l'ordre de 31 milliards réparties ainsi : 13,9 milliards à titre de réserves, 13,1 milliards de ressources de capital dans des organismes de développement rural, 5,5 milliards à titre d'investissement, 3,3 milliards en dépenses de fonctionnement. Le secteur agricole ne reçoit qu'une infime part de l'État

(2) *Le renouveau : certitudes et défis (essai sur les douze premiers mois de Paul Biya)*, par un groupe de citoyens, Éditions ESSTI, Yaoundé, 1983, 275 p., p. 183.

(3) Les recettes de l'ONCPB proviennent en exclusivité de prélèvements sur les cultures de rente.

par rapport à sa contribution, 6,4% contre 30% pour l'année 1978-1979.

Au niveau des autres secteurs économiques et de la vie sociale, en matière d'industries textiles, la CICAM utilise environ 48 000 tonnes de coton, soit 10% de la production nationale. Un autre projet envisagé à Maroua devra permettre l'utilisation de 25 000 tonnes. L'usine de Bastos, d'autres industries alimentaires, les industries du bois, etc. dépendent de la production agricole. Les investissements sociaux ne pouvant être quantifiés, on peut retenir que par des recettes fiscales et d'autres prélèvements opérés dans le secteur agricole, des infrastructures de communication, sanitaires, scolaires, sportives, ont été améliorées notamment dans les villes (4).

Au vu de ces données, la politique de justice sociale aurait déjà pu doter les communautés villageoises d'infrastructures modernes répondant aux besoins vitaux des paysans eux-mêmes. La répartition sociale étant ici à sens unique, au grand bénéfice des techno-bureaucrates, un regard sérieux aurait dû être jeté sur le monde villageois. Ce regard aurait concrétisé la multiplication et la création des points d'eau en ce qui concerne le nord du Cameroun. Dans le territoire montagnard de Mora, les paysans et éleveurs parcourent encore des trentaines de kilomètres pour puiser de l'eau dans les plaines. Pour le moment, un camion citerne sillonne le rayon de Tokombéré durant la sécheresse ; c'est une solution non seulement à court terme mais aussi sectorielle qui marginalise les habitants montagnards d'Odjilla, voire des zones des piémonts telles que Magoumaz, Odogway, etc. La société nationale d'eau aurait pu étendre ses services en montagnes par l'implantation des bornes-fontaines dans les villages. Une telle opération à vocation publique non seulement aurait soulagé un paysannat qui se trouve obligé de creuser dans le sable des « mayos » pour consommer de l'eau durant la sécheresse, mais aussi permis à celui-ci de consommer une eau potable.

Dans la même acception, la construction des hôpitaux dans les villages et leur dotation en remèdes luttant contre les maladies du milieu auraient dû être envisagées. Ici la bilharziose, l'onchocercose, le kwashiorkor, les maladies vénériennes, etc. constituent la

(4) Pour de plus amples données, voir Kamajou F., « Contribution du secteur agricole au développement économique et social du Cameroun », *Séminaire sur l'Enseignement agronomique face au développement économique et social du Cameroun*, Dschang, 17-20 juillet 1983, 26 p. Ronéo.

terreur de l'homme villageois. Les quelques hôpitaux existant à Tokombéré et dans le Mayo-Uldémé sont l'œuvre des missionnaires catholiques. Quand le montagnard est malade, il est encore obligé de parcourir des kilomètres pour aller se faire soigner à Mora. Dans le secteur de l'Est Kaélé, les paysans parcourent plus d'une soixantaine de kilomètres pour venir se faire traiter à Kaélé. Aux environs de Guider, les paysans parcourent les mêmes distances, ils ne sont même pas satisfaits à cause notamment de la faillite des remèdes ou produits.

L'importance vitale du problème de la santé dans le processus de développement des pays sous-développés n'est plus aujourd'hui discutable : la sociologie de la santé l'a sérieusement mise à jour (5). Dans le nord du Cameroun où des jeunes de cinq à quinze ans meurent quantitativement d'excès de paludisme faute de l'existence d'un seul comprimé de nivaquine dans les unités de production villageoise, des actions concrètes en termes de diffusion des hôpitaux garnis dans les villages auraient déjà été réalisées depuis plus d'un quart de siècle que le Cameroun est indépendant (6).

Les populations adultes par manque de vitamines, par des rhumatismes, ne peuvent plus avoir un grand rendement au travail. A ce titre, un paysannat astreint à se soumettre à d'autres formes de dominations, naturelles, liées au climat comme celui du Nord Cameroun aurait pu bénéficier de traitements spécifiques de la part des hôpitaux.

Dans le cadre de la redynamisation des communautés villageoises inscrite dans le Ve plan, un programme d'électrification des villages est retenu. Il est probable que ce dernier sera reconduit au VIe plan vu les modestes réalisations actuelles au niveau de l'ensemble du pays. Un tel programme devrait intéresser aussi bien les villages montagnards que ceux des plaines du Nord Cameroun. L'électrification des villages dispenserait le petit producteur nord camerounais de la contrainte du pétrole dont l'achat régulier (des litres par mois) finit par être onéreux. Une telle opération serait en relation avec le développement rural qui ne se

(5) Voir à propos du Cameroun la toute récente thèse de Bikoï-Tam, *Consommation et société, introduction à la critique de la politique de développement au Cameroun*, 3e cycle de sociologie, UER des Sciences sociales et psychologiques, Université de Bordeaux II, Mai 1984, tome 1, 355 mult.

(6) Les taux de mortalité infantile dans les lamidats de Bogo et de Méri par exemple sont respectivement de 189 % et 346 %.

réduit pas à l'augmentation de la productivité, mais qui embrasse aussi l'insertion des paysans dans des infrastructures fiables.

Pendant la sécheresse, les éleveurs souffrent d'un manque notoire de zones de pâture. Les mouvements de transhumance auxquels ils se livrent entraînent énormément de pertes de bétail (7). La multiplication des zones de pâture aurait dû être depuis en pleine expansion pour les grandes zones d'élevage (secteurs tupuri, guidar...). Certains lamidats comme Guidiguis, Karhay, Boboyo n'ont à peine chacun qu'une zone de pâture ; les prélèvements agricoles opérés par la technobureaucratie peuvent pourtant servir de telles activités pastorales dans le cadre d'un libéralisme et d'une politique de justice sociale.

De même s'agissant des produits agricoles, les inputs modernes ne doivent pas seulement concerner le coton qui représente pour le paysan l'extraversion totale. Les engrais et la culture attelée devront aussi être conçus pour les mils et sorghos ; la SODECOTON, par de nouveaux mécanismes, pouvant récupérer son dû. L'image du développement rural comme développement du coton aurait pu ainsi s'effriter pour le petit producteur. La SODECOTON peut même, grâce à toutes les ponctions opérées sur les producteurs, mettre sur pied un système de distribution gratuite d'engrais pour les cultures vivrières, ou alors en laisser la charge à un organisme lié directement au ministère de l'Agriculture. Les postes agricoles dépendants de ce ministère et dont la fonction s'avère actuellement nulle dans les zones rurales se revitaliseraient par un tel phénomène dont ils peuvent, grâce à une restructuration rationnelle, se charger. Et non seulement les engrais, mais d'autres produits (herbicides,urée, etc.) pourraient être distribués gratuitement aux petits planteurs sans que cela influence largement les rentrées de la SODECOTON.

Ceci amène à dire que, dans la logique du système actuel, le développement rural par ces actions aurait pu cesser de revêtir l'image de prolétarisation entretenue par le petit planteur. Les contradictions inhérentes à sa structure idéologique auraient pu connaître une réduction grâce à une volonté politique des technobureaucrates et des décideurs de la classe dirigeante.

De même,le système de sécurité sociale au Cameroun consacre paradoxalement l'injustice sociale à un niveau très élévé. Nous avons vu quelques données de la contribution du secteur agricole

(7) Motaze A., *Enquête agro-économique et sociologique à Kaélé-Guidiguis, aspects sociologiques*, Bibliothèque, ISH, CRED, Yaoundé, 1982, 72 p.

au développement économique et social de toute la nation. Il est fort inadmissible qu'à ce jour le petit paysan ne bénéficie pas encore des avantages liés à la sécurité sociale confinés jusqu'ici entre les mains des seuls technobureaucrates et autres agents de l'État.

Les données recueillies sur les revenus des petits paysans, les conditions de vie auxquelles ils sont confrontés suffisent pour que la classe dirigeante étende le système de sécurité sociale jusqu'aux petits paysans.

Dans un pays qui s'apparente à une jungle en matière d'inscription des jeunes dans des établissements publics (lycées, collèges d'enseignement secondaire, université et ses centres), la classe dirigeante aurait dû résolument se pencher sur la condition scolaire des enfants issus des classes inférieures rurales.

La domination de la ville sur la campagne ayant à tous les niveaux ses répercussions, les petits producteurs se trouvent obligés de se rabattre sur les collèges privés où, malgré les taux de scolarité fixés par le gouvernement, les spéculations sur « l'écolage » se maintiennent à des coûts très élevés pour eux. Un système de sécurité sociale visant à intégrer les petits producteurs ou les classes inférieures rurales aurait dû s'occuper non seulement des enfants issus de ces couches sociales, mais aussi des soins médicaux des parents eux-mêmes.

Si la classe dirigeante s'était dotée d'une réelle volonté politique allant en ce sens, elle aurait pu réaliser une telle opération en recommandant dans des établissements publics l'inscription prioritaire des enfants issus des milieux paysans les plus défavorisés et leur prise en compte en matière d'équipements et matériels scolaires.

Les établissements publics dans le nord du Cameroun semblent être réservés aux classes supérieures dont les membres paraissent avoir tous les droits d'accès au système scolaire pour leurs enfants. Les faibles taux d'alphabétisation évoqués plus haut ne sont certainement pas les seules causes dans ce que l'on y appelle « résistance au modernisme » mais surtout dans les contradictions de classe inhérentes à la nature même de la formation sociale.

Celles-ci contenant des oppositions ethniques, il est par conséquent très difficile que le fils d'un montagnard puisse s'inscrire dans des établissements publics généralement situés en milieu à prédominance musulmane.

Un jour dans les Monts Mandara, dans le grand lamidat Podoko d'Odjila, un jeune montagnard, élève au Collège d'Enseignement

Secondaire de Mora, nous parlait de cette situation en termes « d'oubliés de la République ».

> « Vous voyez, avait-il dit, pour fréquenter, nous sommes obligés de descendre en milieu musulman où l'accès au collège est très difficile. C'est le laamido qui décide. Avant il voulait que nous soyions les seuls à fréquenter, maintenant il a compris que l'école aboutissait aux grands postes. Il ne veut donc plus que nous les Kirdi fréquentions. Pour tout dire nous sommes les prolétaires, les oubliés de la République. »

Le jeune qui nous parla ainsi était en classe de troisième. Son projet, après le brevet d'études, était d'entrer dans une école de formation niveau BEPC pour enfin pouvoir travailler pour ses parents.

En effet, Odjila est un grand lamidat d'environ trois mille habitants. La construction d'un établissement public y aurait créé depuis un besoin d'instruction — selon les modalités de sécurité sociale évoquées — chez une jeunesse laissée à elle-même.

Une sécurité sociale qui aurait garanti l'assistance sanitaire et des charges familiales aux petits producteurs aurait pu atténuer les contradictions de classes déjà évoquées.

En ce qui concerne l'éducation paysanne, il faut d'abord dire qu'elle n'est pas l'alphabétisation dont on connaît désormais les échecs dans les pays sahéliens. L'éducation paysanne suppose, pour nous, amener le paysan à participer à sa propre production, à toutes les instances, lui apprendre à discuter des actions engageant sa production, lui reconnaître un droit à la parole.

Ceci pose un certain nombre de problèmes, dont notamment le problème linguistique. Or, nous avons vu plus haut que la technobureaucratie de la SODECOTON et la classe dirigeante atteignent directement les paysans en langues nationales à travers la radio. D'autre part, l'expérience des écoles rurales en langues nationales en Afrique sahélienne paraît la plus concluante (8). Pourquoi n'avoir pas organisé des rencontres sectorielles entre les technobureaucrates et les paysans en langues locales au Nord Cameroun où l'on aurait pu débattre des problèmes de développement rural intéressant aussi bien les producteurs indirects que les producteurs directs ?

A ce titre, une éducation paysanne excluant les échelles lamidales aurait vraiment eu une charge libératrice du monde paysan. Le pouvoir paysan aurait pu s'amorcer là par une parole villageoise sans influences lamidales.

(8) Voir Belloncle G., *Le tronc d'arbre et le caïman*, L'Harmattan, Paris, 1981, 198 p.

Le projet d'implantation des écoles rurales aurait connu des réalisations actuellement. Dès lors, les écoles rurales pouvaient bien avoir des disciplines dispensées en langues locales ; ces disciplines seraient elles-mêmes liées aux activités agro-pastorales du milieu. Une telle entreprise, respectant la propre rationalité paysanne qui, dans les Monts Mandara, contribue seule à l'équilibre entre l'homme et la terre avec la culture du mil pénicillaire sur terrasses aurait autonomisé le paysan.

L'éducation paysanne aurait contribué à décloisonner les mentalités, à autonomiser les petits producteurs par la connaissance des actions au sein desquelles ils sont engagés. Jusqu'ici, les petits paysans semblent être de vrais moutons de Panurge ; l'éducation paysanne les aurait rendus aptes à porter des jugements sur ce qui leur est proposé, plus conscients de leur situation d'acteurs indispensables du développement.

S'agissant des terres, de l'époque coloniale jusqu'à aujourd'hui, l'on observe une ambiguïté au niveau de la législation foncière. Le Nord Cameroun est marqué notamment par les colonisations allemande et française.

Le 21 juillet 1937, l'administration mandataire française sortit un décret stipulant que les individus et les collectivités avaient la possibilité de faire reconnaître leurs droits fonciers par un système d'immatriculation. C'est le décret du 17 janvier 1938 suivi d'un arrêté d'application le 21 octobre de la même année qui entraîna l'explosion. Ce décret décidait qu'étaient domaniales de plein droit :

— les terres vacantes et sans propriétaires,

— les terres non exploitées ou inoccupées depuis plus de dix ans.

Ce texte tendait déjà à limiter les droits fonciers coutumiers des musulmans des plaines et à favoriser l'insertion progressive des animistes.

Mais la notion de terres vacantes appliquée ici selon le critère de la vacance du code civil français (art. 538 et 713) (9) occasionna de véritables litiges entre le pouvoir colonial et le pouvoir traditionnel.

Depuis juillet 1974, une nouvelle législation foncière est mise sur pied. Dans le nord du Cameroun, elle entretient un flou au

(9) Voir Verdier R., *L'ancien et le nouveau droit foncier de l'Afrique noire face au développement*, 88 p.

niveau de l'articulation du mode de production capitaliste avec le système lamidal qui a permis aux classes supérieures de « s'approprier » de vastes étendues de terre au détriment des petits producteurs. Nous avons largement évoqué cette situation dans les pages précédentes.

A l'heure actuelle, nous sommes dans une situation où une répartition des terres aurait dû être effectuée pour tendre vers un peu plus d'égalité. La problématique foncière, à ce titre, mérite d'être taxée d'un oubli de celle du développement rural dans le Nord Cameroun (10).

Dans un milieu rural où nul ne se soucie de la loi foncière en vigueur et où les règles coutumières sont en passe de marginalisation par les nouveaux modes de circulation des terres liés au mode de production capitaliste, la classe dirigeante camerounaise avait tout intérêt à limiter l'action accaparatrice des laamibé sur les terres. Elle avait donc à mettre sur pied des mécanismes de contrôle allant dans le sens de contrer l'action de grands planteurs au niveau de « l'appropriation » pure et simple des terres et des spéculations afférentes. Au nom de quoi un laamido doit-il nécessairement finir par usurper la propriété éminente de la terre au détriment d'une collectivité entière ?

Malgré le clientélisme foncier (11) que la classe dirigeante entretient avec les laamibé, dans un système où la politique de rigueur et de moralisation est le maître mot, l'exigence des titres fonciers selon la loi aurait déjà dû être en vigueur afin de détecter les abus entretenus par les laamibé. Certains terrains qu'ils détiennent auraient dû leur être arrachés et redistribués aux marginalisés.

S'agissant de l'accès à la culture attelée, la suppression des formes de circulation des animaux de trait, fondées sur les spéculations déjà évoquées, s'avérerait nécessaire. Les planificateurs devraient plutôt mettre sur pied des sous-coopératives au sein des groupements d'agriculteurs modernes (GAM) déjà existants. Ces sous-coopératives devraient se voir attribuer un certain nombre de

(10) Voir à propos : N'sangou A., *Le régime foncier, cet oublié de la problématique du développement au Nord Cameroun*, sept. 1983, 5 p.

Quelques études existent néanmoins sur les problèmes fonciers au nord du Cameroun, voir les études de J. Boutrais, *op. cit*.

(11) Voir Tribillon J.-F., « La clientèle foncière de l'État en Afrique », *le Mois en Afrique*, n° 201-202, oct.-nov. 1982, pp. 76-79.

Voir aussi Le Bris E., Le Roy E. et Leimdorfer F., *Enjeux fonciers en Afrique noire*, ORSTOM, Karthala, Paris, 1982, 425 p.

matériels attelés qu'elles auraient gérés elles-mêmes et qui auraient circulé entre les paysans. L'acquisition de ces matériels pourrait se faire par le canal du Fonds National de Développement Rural (FONADER) et non plus par la SODECOTON.

Le crédit FONADER devait ainsi, au nord du Cameroun, contrer l'action de la SODECOTON en matière de crédits agricoles. Un tel objectif pouvait aider le petit producteur à rentrer en possession de ses moyens de production.

Or, les travaux collectifs, nous l'avons vu, constituent un véritable gaspillage de la force de travail du petit producteur. Puisque les formes traditionnelles d'entraide ne restent encore visibles qu'au niveau des petits producteurs eux-mêmes, car fondées sur le principe de réciprocité, il convient de les maintenir à ce niveau précis, d'abolir toutes formes de travail chez les chefs qui instituent un vrai servage et une véritable appropriation de la force de travail d'autrui.

Mais plus de vingt-quatre ans d'indépendance prouvent largement que la classe dirigeante est incapable d'opérer de tels changements en milieu rural au Cameroun. Par conséquent, au lieu de chercher l'avenir des petits producteurs au niveau de la classe dirigeante et de ses technobureaucrates, à travers les discours relatifs aux grands idéaux, il est à rechercher dans le

> « conflit entre les forces productives et le mode de production (qui) n'est pas un conflit né dans la tête des hommes (...). Il est là, dans les faits, objectivement, en dehors de nous, indépendamment de la volonté ou de l'activité même de ceux des hommes qui l'ont provoqué (12) ».

Du conflit évoqué ici dépendront de véritables dynamismes sociaux dans le nord du Cameroun. Seul ce conflit pourra renverser les rapports sociaux actuels, car

> « ce n'est pas dans la tête des hommes, dans leur compréhension croissante de la vérité et de la justice éternelles, mais dans les modifications du mode de production et d'échange qu'il faut chercher les causes dernières de toutes modifications sociales et de tous les bouleversements politiques (13) ».

Le renversement des rapports sociaux actuels implique pour nous la rupture avec une certaine continuité et la construction à

(12) Engels, *Anti-Dühring*, *op. cit.*, p. 306.

(13) Engels, *op. cit.*, p. 305.

partir de nouvelles bases. Le renversement des rapports sociaux suppose ainsi, dans notre acception, rupture/construction ou encore destruction/construction.

Nous avons montré certains aspects politiques du développement rural au cours de cette étude. Ces aspects dans le contexte camerounais actuel sont les plus déterminants dans la mesure où la classe dirigeante a adopté une politique interventionniste dans le processus de développement en général et dans celui du développement rural en particulier.

L'idéologie interventionniste qui cadre avec le libéralisme n'a abouti qu'à un succès : l'accroissement de la productivité agricole. Cet accroissement lié à la pénétration du mode de production capitaliste, marginalise, prolétarise les producteurs directs. Il est lié à l'accumulation d'une partie de la production consommable. Ce qui consacre les contradictions et un type de conflits de classe au sein de la société camerounaise en général et de la formation sociale lamidale en particulier. Par conséquent, l'idéologie politique orientant le développement rural de par les rapports sociaux qu'elle reproduit (tout en les masquant) en milieu paysan, doit aboutir à un binôme : rupture/construction.

Le libéralisme planifié, avec son corollaire interventionniste, consacre en milieu rural le développement du sous-développement : autrement dit l'enrichissement d'une oligarchie et la paupérisation d'une majorité. Le libéralisme planifié comme support idéologique du développement rural dans un milieu aussi stratifié que le nord du Cameroun devient quasiment le développement des laamibé et de leurs alliés des autres classes supérieures extra-lamidales.

Seul le renversement des rapports sociaux actuels par les petits producteurs, et donc des rapports de force en présence dans la formation sociale rurale, pourrait certes introduire de véritables dynamismes sociaux.

Ce renversement des rapports sociaux s'inspirerait des modèles socialistes spécifiques, tel celui de la Chine au niveau de la planification (14). Nous reconnaissons évidemment les échecs des « socialismes » en Afrique et dans le Tiers-Monde en général (15). Mais ces échecs sont évidents tant que toutes les structures

(14) Voir à propos Bettelheim Ch., Charrière J., Marchisio H., *La construction du socialisme en Chine*, Maspéro, Paris, 1977, 202 p.

(15) Voir à propos Chaliand G., *Mythes révolutionnaires du Tiers-Monde, (guérillas et socialismes)*, Paris, Seuil, 1976, 266 p.

économiques des savanes africaines et du Tiers-Monde sont à l'heure actuelle victimes des dépendances et des dominations. Tant qu'elles sont inféodées aux économies du Centre comme le montre à juste titre A.-F. Gunder dans son analyse du sous-développement en Amérique latine (16), les socialismes se trouvent dès lors bloqués (17). C'est pourquoi nous entendons l'inspiration des modèles socialistes ici au sens critique le plus élevé. Cette inspiration devrait surtout présider à une nouvelle orientation des structures agraires, des rapports sociaux de production, de la sécurité, des forces productives en milieu rural. Un tel modèle aiderait à l'organisation des paysans par eux-mêmes, selon les types coopératifs qui les responsabilisent, qui les libèrent de la trilogie dépendante et dominatrice évoquée plus haut.

La planification devrait ainsi tendre à regrouper les paysans sous forme de communes rurales où un grand accent devrait être mis sur la propriété collective des moyens et facteurs de production. Une structure déjà existante telle que celle des groupements d'agriculteurs modernes (GAM) devrait être exploitée par un élargissement à cette fin. La transformation des GAM en sorte de communes rurales consacrerait le renversement des rapports de production actuellement existants et le collectivisme qui seul pourrait contrer l'individualisme capitaliste de la classe supérieure lamidale et des classes extra-lamidales.

Le problème est donc ici celui de la formation des petits producteurs en véritable classe sociale combinant les facteurs nécessaires de lutte : à savoir, le facteur objectif qui est un mouvement de masse où ils se trouveraient au centre et organisateurs et le facteur subjectif qui serait l'organisation consciente dudit mouvement. Car Marx lui-même, comme le dit Schumpeter, « propose plus une théorie de l'évolution des classes qu'une théorie des classes proprement dite (18) ». De ce fait, le renversement des rapports sociaux actuels est fonction de la formation et de la dynamique des classes inférieures du système lamidal.

(16) Gunder A.-F., *Capitalisme et sous-développement en Amérique latine, op. cit.*

(17) Y. Lacoste excepte néanmoins, dans ce cadre, quelques pays socialistes du Tiers-Monde dont notamment la Chine et Cuba qu'il appelle même pays développés du Tiers-Monde ; voir *Géographie du sous-développement* (géopolitique d'une crise), PUF, Paris, 1977, 292 p.

(18) Schumpeter, *Impérialisme et classes sociales*, Flammarion, Paris, 1984, 291 p., p. 158,

Voir aussi Fougeyrollas P., *Sciences sociales et marxisme*, op. cit., p. 50.

Conclusion

Parler du lamidalisme dans cette étude relative au nord du Cameroun nous a amené à examiner le fait selon lequel l'articulation du mode de production capitaliste avec le système lamidal induit en milieu paysan les conflits entre les différents acteurs sociaux du développement rural. Ces conflits entre acteurs constituent la dérive des rapports sociaux existant dans la formation sociale, problématique de cette recherche. Ce tout est la trame du défi paysan en Afrique en général et dans le nord du Cameroun en particulier. Les conflits examinés sont pluridimensionnels : les uns potentiels, les autres ouverts. Leur nature renvoie à certaines formes de lutte des classes et à de simples conflits sociaux. Mais, dans l'ensemble, de véritables luttes de classe ne s'observent pas encore. Et seules les contradictions amenées par l'articulation du mode de production capitaliste avec le système lamidal feront naître des situations conflictuelles plus frontales, plus ouvertes dans le milieu paysan à partir des procès de travail, de production, inhérents aux projets de développement rural.

L'important dans cette étude n'est pas de démontrer nécessairement l'existence de véritables conflits de classe. La thèse de conflit ici analysée doit donc s'entendre dans un aspect détectif des agents transformateurs du milieu rural dans le nord du Cameroun.

Partant donc des acteurs sociaux du développement rural, nous avons vu qu'ils se divisent en deux catégories essentielles : les acteurs sociaux lamidaux et les acteurs sociaux extra-lamidaux. Afin d'identifier les différents acteurs qui participent à ces deux catégories, nous sommes partis de quatre types de rapports sociaux de production au niveau du palier d'observation saaré : les rapports de parenté, les rapports matrimoniaux, les rapports salariaux et les rapports esclavagistes. A l'échelle de la communauté villageoise, comme second palier d'observation, le clivage entre les castes ou les ordres sociaux et leurs sujets renvoie à un autre type de rapports sociaux de production et d'acteurs. En sortant de la sphère lamidale, la classe dirigeante camerounaise et la société internationale se sont présentées comme un autre type d'acteurs du développement.

L'étude de ces différents acteurs a révélé les contradictions voire les conflits auxquels renvoyaient, renvoient et renverront leurs rapports sociaux.

La saisie de l'articulation du mode de production capitaliste avec le système lamidal a non seulement permis de spécifier la formation sociale rurale dans le nord du Cameroun, mais aussi de matérialiser sa domination par ce mode de production. En outre, elle a mis à jour un certain nombre de données qui manifestent les rapports marchands au sein de la formation sociale.

Ceci a introduit la problématique du développement rural au strict niveau des rapports sociaux des acteurs eux-mêmes, que ce soient les rapports sociaux économiques ou idéologico-politiques. Là est apparu plus nettement le rôle des organismes d'intervention (Office céréalier, SODECOTON) en milieu rural et la fonction des laamibé dans les projets de développement. Les différentes données analysées ont débouché sur les stratifications sociales en milieu rural.

Celles-ci ont permis d'objectiver les différenciations sociales connues par le milieu paysan en termes de divers groupes contradictoires de par leurs positions sociologiques et la trame des intérêts opposés qui les sous-tendent. Ces intérêts contradictoires aboutissent aux conflits sociaux en milieu rural.

Ceux-ci ont permis de spécifier leurs natures, partant même de la période précapitaliste, d'examiner la formation sociale à la lumière de la théorie marxiste. Çà et là ont été décelés de simples conflits sociaux, des conflits susceptibles d'être taxés de lutte des classes. L'analyse des conflits sociaux a posé les jalons de celle du sens du développement rural dans le nord du Cameroun.

Les différentes positions sociologiques ou socio-économiques des acteurs renvoyant aux contradictions d'intérêts dégénèrent en contradictions de représentations du développement rural par les différentes classes. Elles consacrent paradoxalement une trilogie dépendante et dominatrice faisant entrer en état de soumission les classes inférieures rurales. De là découlent les phénomènes de marginalisation et de prolétarisation des petits producteurs.

Là aussi, le système lamidal, dominé par la classe des laamibé, est apparu comme le noyau de cloisonnement de la trilogie dépendante et dominatrice du petit producteur. Ce qui annonçait donc les réactions paysannes et la question des dynamismes sociaux.

Nous avons vu que les réactions paysannes ne s'entendaient ici que dans l'instance économique en matière d'origine. Pour qu'elles aboutissent aux véritables dynamismes sociaux, il faut qu'elles concrétisent nécessairement de véritables luttes de classes, les dynamismes sociaux en milieu rural ne pouvant pas découler des acteurs dominants ou des classes supérieures. Nous sommes arrivé à constater que ces réactions ne sauraient encore être considérées comme de vraies luttes de classes ; elles se situent différemment de certaines formes de conflits de classes connus pourtant par la formation sociale. Notre analyse s'est donc appesantie sur le facteur déterminant de cette lutte : seule la conscience de classe née de façon non parcellaire ou individuelle, isolée, sera motrice des conflits de classe au nord du Cameroun. Les réactions actuelles, si elles manifestent une relative prise de conscience de classe, restent encore dans l'ensemble sporadiques, spontanées, isolées. Elles n'influencent pas encore la puissance idéologico-politique et économique des classes supérieures, dont notamment la classe — appui lamidale.

Des facteurs pouvant faire émerger et étouffant cette conscience de classe ont été étudiés : la relation laamido-sujet, tissée au niveau d'un type d'idéologie musulmane, freine l'émergence massive de la conscience de classe, comme les productions sociales contradictoires, le manque de clientélisme entre les laamibé et leurs sujets constituent les facteurs positifs pour son éclosion. Là est posée la problématique des dynamismes sociaux en milieu rural. Sans lutte de classes, pas de véritables dynanismes sociaux. Par conséquent, il fallait réfléchir sur les perspectives du changement par le développement rural au Nord Cameroun.

Il est apparu nettement, alors que depuis plus d'un quart de siècle de Cameroun est indépendant, que la classe dirigeante et dominante du pays (qui n'a connu de changement jusque-là qu'au niveau des hommes) ne peut structurellement pas améliorer les conditions de vie des petits producteurs avec lesquels elle entretient de véritables contradictions de classe. Par conséquent, la seule perspective de dynamismes, de transformations ou de changement social est à rechercher dans les rapports sociaux de production entre les acteurs eux-mêmes. C'est dire que le renversement ou l'inversion des rapports sociaux actuels, dans les relations de pouvoir entre les classes supérieures et inférieures est la seule condition de changement social dans le nord du Cameroun.

Bordeaux, octobre 1983 - Yaoundé, septembre 1984

Bibliographie

A — Textes, articles, documents et ouvrages relatifs au nord du Cameroun.

— Décret n° 74/473/10, mai 1974, portant création de la SODECOTON Direction générale - Garoua.

— Décret n° 75/440 du 21 juin 1975 portant création de l'Office céréalier.

BOULET (J.), 1975, *Mission franco-américaine au Nord Cameroun, définition des potentialités agro-pastorales, problèmes humains*, juin-septembre, mult.

BOUTRAIS (J.), 1970, *La colonisation des plaines par les montagnards au nord du Cameroun (Monts Mandara)*, Paris, ORSTOM, 343 p.

— 1978, « Compétition foncière et développement au nord du Cameroun : la plaine de Mora », *Cah. ONAREST*, vol. 1, n° 2, octobre, Yaoundé, pp. 53-90.

COUTY (Ph.), 1965, « Notes sur la production et le commerce du mil dans le département du Diamaré », *Cah. ORSTOM*, vol. II, n° 4, pp. 3-88.

DOGNIN (R.), 1981, « L'installation des Djafoun dans l'Adamaoua camerounais, la djakka chez les Peul de l'Adamaoua », *Contribution de la recherche ethnologique à l'histoire des civilisations du Cameroun*, vol. 1, CNRS, Paris, pp. 139-157.

ELA (ETOA, J.-M.), 1978, *Structures sociales traditionnelles et changements économiques chez les montagnards du Nord Cameroun (l'exemple de Tokombéré)*, thèse 3e cycle, Sociologie, Paris-Sorbonne, 357 p.

FOURNIER, (A.), 1972, *Obstacles à l'innovation en milieu rural et en zone soudano-sahélienne, culture attelée et association agriculture-élevage*, mémoire EPHE, 275 p.

FRECHOU (H.), 1963, *L'élevage et le commerce du bétail dans le nord du Cameroun*, IRCAM, Yaoundé, 168 p.

FROELICH, (J.-C.), 1954 (a), « Le commandement et l'organisation sociale chez les Foulbé de l'Adamaoua, (Cameroun) », *Et. Cam.* n° 45-46, pp. 3-90.

— 1954, (b) « Ngaoundéré, la vie économique d'une cité peule », *Et. Cam.* n° 43-44, pp. 3-66.

GAUTHIER (Ch.-G.), 1980, *Organisation et vie familiale des Fali du Nord Cameroun*, 3e cycle, Ethnologie, U.E.R. des Sci. Soc. et Psycho. Université de Bordeaux II, 2 vol., 463 p. mult.

GUILLIARD (J.), 1965, *Golonpoui, Nord Cameroun*, Mouton, Paris, 502 p.

HALLAIRE (A.), 1972, « Marché et commerce au nord des Monts Mandara, nord du Cameroun », *Cah. ORSTOM, Ser. Sci. Hum.*, vol. IX, n° 3, pp. 259-285.

LACROIX, (P.-F.), 1965, *Poésie peule de l'Adamawa*, T. 1, Institut d'Ethnologie, Paris, 377 p.

LACROIX (P.-F.), 1966, « L'Islam peul de l'Adamaoua », *Islam in Tropical Africa*, Oxford University Press, 470 p., pp. 401-406.

LESTRINGANT (J.), 1964, *Les pays de Guider au Cameroun, essai d'histoire régionale*, Paris, 426 p. plus annexes.

MARTIN (J.-Y.), 1976, « Etude des communautés villageoises et démarches sociologiques », *Communautés rurales et paysanneries tropicales*, TD ORSTOM, n° 53, pp. 147-158.

MOTAZE AKAM, 1982, *Enquête agro-économique et sociologique à Kaélé, Guidiguis : aspects sociologiques* ; Bibliothèque, ISH, CRED, Yaoundé, 72 p.

— 1983 (a), *Problématique du changement social, l'évolution des milieux ruraux dans le nord du Cameroun, esquisse*, Bordeaux, 123 p.

— 1983 (b), *Etat moderne et dynamismes sociaux en milieu rural dans le nord du Cameroun*, Bordeaux, 100 p.

— 1984 (a), « Contribution à l'étude sociologique du milieu rural dans le nord du Cameroun », *Revue Sci. et Techn. Ser. Sci. Hum.*, MESRES, ISH, 23 p. dactylo (à paraître).

— 1984 (b), *Saisie des mécanismes de fonctionnement socio-économique des lamidats de Guider et de Mora*, (rapport de mission) 14 p. dactylo.

— 1984 (c), « Structures agraires et culture cotonnière dans le nord du Cameroun : la plaine de Kaélé-Guidiguis et de Mora », 27 p. ronéo, *Séminaire international sur les organismes d'intervention en milieu rural dans le processus de Développement*, Dschang, 15-21 juillet.

MOUCHET, (J.), 1946, « Note sur la conversation à l'islamisme en 1715 de la tribu Wandala, région du Nord Cameroun, Subdivision de Mora », *Bull. Soc. et Cam.*, n° 15-16, pp. 105-107.

N'SANGOU AROUNA, 1983, *Le régime foncier : cet oublié de la problématique du développement au Nord Cameroun*, sept., Bibliothèque ISH, Yaoundé, 5 p. ronéo.

ONAREST, CGN, CSES, 1978, *Le nord du Cameroun, bilan de dix ans de recherche*, TD, ISH n° 19 ; 2 vol. 562 p. mult.

ORSTOM, 1984, *Le nord du Cameroun, des hommes, une région*, Coll. Mémoires n° 102, Paris, 551 p.

PONTIE (G.), 1968, *Les Guiziga au sud de Maroua, étude des structures sociales*, ORSTOM, 269 p.

— 1970, *Les Guiziga du Cameroun septentrional, l'organisation traditionnelle et les formes de la contestation*, ORSTOM, Paris, 332 p.

— 1976, « Intérêts et limites de la référence au cadre villageois pour l'étude d'une société rurale : les Guiziga », *Communautés rurales et paysanneries tropicales*, TD ORSTOM, n° 53, pp. 131-146.

REMY (G.), 1972, « De la montagne à la plaine : aspects et problèmes d'un mouvement de colonisation au Nord Cameroun », *Cah. d'études africaines*, n° 47, pp. 500-511.

ROUPSARD (M.), 1981, « Les étapes de la culture cotonnière au Nord Cameroun », RGC vol. II, n° 2, pp. 121-133.

SA'ADATE (Y.), 1982, *Etude des exploitations agricoles dans le département de Kaélé au Nord Cameroun*, Bibliothèque ISH, CRED, Yaoundé, 67 p.

SALINGER (L.), 1982, *Les systèmes de culture au Nord Cameroun (répartition des ressources à l'échelon familial villageois chez les agriculteurs du département du Diamaré)* Bibliothèque ISH, CRED, Yaoundé, 59 p.

B — Textes, articles et ouvrages relatifs au Cameroun.

— Décret n° 77/245 du 15 juillet 1977, portant organisation des chefferies traditionnelles.

BARBIER, (J.-C.), COURADE (G.), TISSANDIER (J.), 1980, *Complexes agro-industriels du Cameroun*, TD ORSTOM, Paris, 281 p.

BIKOI-TAM, 1984, *Consommation et Société : introduction à la critique de la politique de développement au Cameroun*, Thèse de 3e cycle UER de Sci. Soc. et Psycho. Université de Bordeaux II, Tome I, 355 p. mult.

BONAL (A), 1977, « Remarques sur la planification camerounaise », *RFEPA*, n° 140-141, pp. 66-78

BOUTRAIS (J.), COURADE (G.), GUBRY (P.), 1979, *Population, planification et développement rural : l'exemple du Cameroun*, TD ISH, 163 p.

— 1981-1982, « L'expansion des éleveurs peuls dans les savanes humides du Cameroun », *Cah. ORSTOM, Ser. Sci. Hum.*, vol. XVIII, n° 1, pp. 31-45.

DAKEYO (P.), 1982, *Poèmes de demain, anthologie de la poésie camerounaise d'expression française*, Silex Editions, Paris, 286 p.

FOGUI (J.-P.), 1978, *Autorités traditionnelles et intégration politique au Cameroun*, thèse d'État, Sci. Po, Université de Bordeaux I, 2 vol., 640 p. mult.

HUGON (P.), 1968, *Analyse du sous-développement en Afrique : l'exemple de l'économie du Cameroun*, PUF, Paris, 325 p.

KAMAJOU (F.), 1983, « Contribution du secteur agricole au développement économique et social du Cameroun », *Séminaire sur l'enseignement agronomique face au développement*, Dschang, 17-20 juillet, 26 p. ronéo.

Ministère du Plan et de l'Aménagement du Territoire, Direction de la Planification, 1981. *Ve Plan*, Tome II, Yaoundé, pp. 135-402.

NICOLAS (J.-P.), 1948, « Nécessité actuelle et anthropologie au Cameroun », *Et. Cam.*, n° 23-24, pp. 5-21.

PROUZET (M.), 1979, *Le Cameroun*, LGDJ, Paris, 377 p.

RENOUVEAU (LE) CAMEROUNAIS, 1983, *Essai sur les douze premiers mois de Paul Biya*, Éd. ESSTI, Yaoundé, 275 p.

SAMUEL (O.-M.), 1982, *La politique agricole du Cameroun*, Thèse de 3e cycle, Sci. Eco., Université de Yaoundé, 543 p.

SANTERRE (R.) et TREMBLAY (M.-C.), (sous la direction de), *La quête du savoir : essais pour une anthropologie de l'éducation camerounaise*, PUM, 889 p.

SCALABRE (C.), 1977, « Notes sur l'islam, le christianisme et l'animisme au Cameroum », *RFEPA*, n° 140/141, août-septembre, pp. 79-92.

WEBER (J.), 1979, « Logiques paysannes et rationalité technique : illustrations camerounaises », *Maîtrise de l'espace agraire et développement en Afrique tropicale (logique paysanne et rationalité technique)*, ORSTOM, Paris, 600 p., pp. 311-315.

C — Articles, documents et ouvrages relatifs à l'Afrique et au Tiers-Monde.

ABDOULAYE BARA DIOP, 1981, *La société wolof (tradition et changement)*, Karthala, Paris, 355 p.

ADLER (A), 1982, *La mort est le masque du roi (la royauté sacrée des Moundang du Tchad)*, Payot, Paris, 427 p.

AMADY ALY DIENG, 1978, *Hegel, Marx et Engels et les problèmes de l'Afrique noire*, Sankoré, 157 p.

AMSELLE (J.-L.) (sous la direction de), 1976, *Les migrations africaines*, Maspéro, Paris, 126 p.

ANOUAR ABDEL-MALEK, 1972, *La dialectique sociale*, Seuil, Paris, 479 p.

Association internationale des Sociologues de langue française, 1965, *Sociologie de la « construction nationale »» dans les nouveaux États, Ed. de l'Inst. de Socio., Université libre de Bruxelles.*

AUGE (M.), 1975, *Théorie des pouvoirs et idéologie, étude de cas en Côte d'Ivoire*, Collection Savoir, Paris, 439 p.

BABACAR SINE, 1983, *Le marxisme devant les sociétés africaines contemporaines*, Prés., Afric., 198 p.

BALANDIER (G.), 1965, « Problématique des classes sociales en Afrique », *Cah. int. de Socio.*, vol XXXVIII, pp. 131-142.

— 1974, *Anthropo-Logiques*, PUF, Paris, 278 p.

— 1978, *Anthropologie politique*, PUF, Paris, 240 p.

— 1981, *Sens et puissance*, PUF, Paris, 334 p.

BAYART (J-F.), 1983, La revanche des sociétés africaines », *Po. Afr.*, n° 11, sept., pp. 95-127.

BELLONCLE (G.), 1979, *Le chemin des villages*,L'Harmattan, ACCT, Paris, 286 p.

— 1981, *Le tronc d'arbre et le caïman*,L'Harmattan, Paris, 198 p.

— 1982, *La question paysanne etn Afrique noire*, Karthala, Paris, 110 p.

BESSIS (S.), 1982, *L'arme alimentaire*, Maspéro, Paris, 202 p.

BETTELHEIM (C.-H.), CHARRIERE (J.), MARCHISIO (H.), 1977, *La construction du socialisme en Chine*, Maspéro, Paris, 202 p.

BIROU (A.), 1970, *Forces paysannes et politiques agraires en Amérique latine*, Éd. Ouvr., Paris, 245 p.

BONTE (P.), 1977, « Classe et parenté dans les sociétés segmentaires », *Dialectiques, Anthropologie tous terrains*, n° 21, Paris, 155 p., pp. 104-115.

BUGNICOURT (J.), 1971, *Quelques mécanismes des disparités internes du développement national en Afrique*, Dakar, 430 p.

CAMPAGNE (P.), 1982, « État et paysan, la contradiction entre deux systèmes de reproduction », *Economie Rurale*, n° 147-148, janv.-mars, pp. 37-44.

HAKIN (A.-A.) et BONAL (J.), 1983, *Zones rurales et système de production*, fascicule II, *Problématique et contenu de l'analyse, mars, 104 p.*

CAZENEUVE (J.), 1976, *Dix grandes notions de la sociologie*, Seuil, Paris, 245 p.

CHALIAND (G.), 1976, *Mythes révolutionnaires du Tiers-Monde (Guérillas et socialismes)*, Seuil, Paris, 266 p.

COPANS (J.), 1973, *Stratification sociale et organisation du travail agricole dans les villages wolof mourides du Sénégal*, Thèse de 3e cycle, EPHE Paris, 2 vol., 370 p. mult.

— (Sous le direction de), 1975, *Sécheresses et famines du Sahel*, 1, Maspéro, Paris, 155 p.

— 1977, « Politique et religion : d'une relation idéologique interindividuelle à la domination impérialiste : les Mourides du Sénégal », *Dialectiques, op. cit.*, pp. 23-40.

— 1980, *Les marabouts de l'arachide (la confrérie mouride et les paysans du Sénégal)*, Le Sycomore, 263 p.

COULON (C.-H.), 1981, *Le marabout et le prince (Islam et pouvoir au Sénégal)*, Pedone, Paris, 317 p.

— 1983, *Les musulmans et le pouvoir en Afrique noire*, Karthala, Paris, 169 p.

CUOQ (J.-M.), 1975, *Les musulmans en Afrique*, Maisonneuve et Larose, Paris, 522 p.

DEMUNTER (P.), 1975, *Masses rurales et luttes politiques au Zaïre (le processus de politisation des masses rurales au Bas-Zaïre)*, Anthropos, Paris, 333 p.

DUPIRE (M.), 1970, *Organisation sociale des Peul (étude d'ethnographie comparée)*, Plon, Paris, 624 p.

ELA (J.-M.), 1982, *L'Afrique des villages*, Karthala, Paris, 228 p.

— 1983, *La ville en Afrique noire*, Karthala, Paris, 219 p.

FAURE (Y.) et MEDARD (J.-F.), 1982, *Etat et bourgeoisie en côte d'Ivoire*, Karthala, PARIS, 275 p.

FAYE (J.), 1982, « Les transformations vécues dans les sociétés en développement ; l'exemple des Wolof du Siné-Saloum au Sénégal », *Economie Rurale, op. cit.*, pp. 15-20.

FOUGEYROLLAS (P.), 1976, « Le défi de la sécheresse et la lutte des classes en Afrique soudano-sahélienne », *in* Paul DAKEYO, *Le cri Pluriel*, Saint-Germain-des-Prés, Paris.

FRANÇOIS (Tch.-A.), 1984, « Interventionnisme et dépaysannisation dans les stratégies de développement agricole en Afrique : un point de vue critique », *Séminaire International sur les organismes d'intervention en milieu rural dans le processus de développement*, Dschang, 15-21 juillet, 26 p. ronéo.

GODELIER (M.), 1970, « Préface » sur les sociétés précapitalistes, textes choisis de MARX, ENGELS, LENINE, *CERM.*, Ed. Sociales, Paris, 414 p., pp. 13-143.

— 1982, *La production des grands hommes*, Fayard, Paris, 310 p.

GOSSELIN (G.), 1978, *L'Afrique désenchantée (sociétés et stratégies de transition en Afrique tropicale)*, Anthropos, Paris, 374 p.

GRELLET (G.), 1982, *Les structures économiques de l'Afrique noire*, PUF, Paris, 179 p.

GUNDER (A.-F.), 1979, *Capitalisme et sous-développement en Amérique latine*, Maspéro, Paris, 302 p.

GUYOT (J.-C.), 1968, *La cohabitation culturelle inter-ethnique à Alger après l'indépendance (1962-1968)*, thèse de 3ᵉ cycle, sociologie, 381 p.

JACQUEMOT (P.) (sous la présentation de), 1981, *Mali, le paysan et l'État*, L'Harmattan, Paris, 197 p.

JALLEE (P.), 1971, *Le tiers monde en chiffres*, Maspéro, Paris, 181 p.

— 1973, *Le pillage du tiers monde*, Maspéro, Paris, 190 p.

KISSOUSSOU BOMA (J.-P.), (non daté), *Classes sociales et idéologies en Afrique centrale*, RESP, Brazzaville, 157 p.

KONINGS (P.), 1983, « Riziculteurs capitalistes et petits paysans : la naissance d'un conflit de classe au Ghana », *P.O. Afr.*, n° 11, sept., pp. 47-94.

KRITCH (J.) et LEWIS (H.-W.), 1969, *Islam in Africa*, Van Nostrand-Reinhold Co., 339 p.

KWAME NKRUMAH, 1972, *La lutte des classes en Afrique*, Prés. Afri., Paris, 111 p.

LACOSTE (Y.) 1977, *Géographie du sous-développement (géopolitique d'une crise)*, PUF, Paris, 292 p.

LAKROUM (M.) 1982, *Le travail inégal, paysans et salariés sénégalais devant la crise des années 30*, L'Harmattan, Paris, 183 p.

LE BRIS (E.), LE ROY (E.) et LEIMDORFER (F.), 1982, *Enjeux fonciers en Afrique noire*, ORSTOM, Karthala, Paris, 425 p.

LISSOUBA (P.), 1975, *Conscience de développement et démocratie*, NEA, 75 p.

MAJHEMOUT DIOP, 1971, *Histoire des classes sociales en Afrique de l'Ouest, 1 - Le Mali*, Maspéro, Paris, 260 p.

— 1972, *Histoire des classes sociales en Afrique de l'Ouest, 2 - Le Sénégal*, Maspéro, Paris, 277 p.

MEILLASSOUX (Cl.) et les autres, 1975, *L'esclavage en Afrique noire précoloniale*, Maspéro, Paris, 582 p.

MENDE (T.), 1975, *De l'aide à la recolonisation, les leçons d'un échec*, Seuil, Paris, 315 p.

MOTAZE AKAM, 1983, *Le circuit de la mort*, Ed. Actuelles, Paris, 107 p.

N'DIAYE (J.-P.), 1970, *Négriers modernes*, prés., Afr., Paris, 127 p.

NEEDHAM (R.), 1971, *La parenté en question (onze contributions à la théorie anthropologique)*, Seuil, Paris, 348 p.

O'BRIEN (D.-C.), 1981, « La filière musulmane : confréries soufies et politique en Afrique noire », *Po. Afr.*, n° 4, pp. 7-30.

ORSTOM, 1977, *Essais sur la reproduction des formations sociales dominées (Cameroun, Côte d'Ivoire, Haute-Volta, Sénégal, Madagascar, Polynésie)*, Paris, 192 p.

OSENDE AFANA, 1977, *L'économie de l'Ouest africain*, Maspéro, Paris, 203 p.

PAVAGEAU (J.), 1978, *Jeunes paysans sans terre, l'exemple malgache*, L'Harmattan, Paris, 207 p.

PENOUIL (M.), 1979, *Socio-économie du sous-développement*, Dalloz, Paris, 683 p.

— 1983, *Les structures économiques de l'Afrique noire*, Séminaire CEAN Université de Bordeaux I.

POLLAUD-DULLIAN (M.), 1967, *Aujourd'hui l'esclavage, servitude et esclavage contemporain*, Ed. Ouv., Paris, 214 p.

POUILLON (F.), (sous la direction de), 1976, *Anthropologie économique (courants et problèmes)*, Maspéro, Paris, 158 p.

Revue dialectique, 1977, *Anthropologie tous terrains*, Paris, 155 p.

REY (P.-Ph.), 1975, « Les formes de décomposition des sociétés précapitalistes au Nord Togo et le mécanisme des migrations vers les zones de capitalisme agraire » *in* Samir AMIN (sous la direction de), *L'agriculture africaine et le capitalisme*, Anthropos - dep, dep, 377 p., pp. 233-256.

— (sous la présentation de), 1976, *Capitalisme négrier : la marche des paysans vers le prolétariat*, Maspéro, Paris, 211 p.

— 1977, « Contradictions de classe dans les sociétés lignagères », *Dialectiques, op. cit.*, pp. 116-133.

RODINSON (M.), 1966, *Islam et capitalisme*, Seuil, Paris, 304 p.

SALLY N'DONGO, 1976, *« Coopération » et néo-colonialisme*, Maspéro, Paris, 199 p.

— 1975 *Voyage forcé (itinéraire d'un militant)*, Maspéro, Paris, 224 p.

SAMIR AMIN, 1973, *Le développement inégal (essai sur les formations sociales du capitalisme périphérique)*, Ed. de Minuit, Paris, 309 p.

— (Sous la direction de), 1975, *L'agriculture africaine et le capitalisme*, Anthropos, Paris, IDEP, 377 p.

STAVENHAGEN (R.), 1969, *Les classes sociales dans les sociétés agraires*, Anthropos, Paris, 402 p.

— 1981, *Sept thèses erronées sur l'Amérique latine ou comment décoloniser les sciences sociales*, Anthropos, Paris, 205 p.

TAYE GURMU, 1975, « Le développement du capitalisme agraire au Ghana avec mention spéciale du district d'Ejura », in Samir AMIN, *L'agriculture africaine et le capitalisme, op. cit.*, pp. 349-377.

TERRAY (E.), 1969, *Le marxisme devant les sociétés « primitives »*, Maspéro, Paris, 177 p.

TOURAINE (A.), 1976, *Les sociétés dépendantes*, Duculot, Paris, 266 p.

TOWA (M.), 1979, *Essai sur la problématique philosophique dans l'Afrique actuelle*, Clé, Yaoudé, 77 p.

TRIBILLON (J.-F.), 1982, « La clientèle foncière de l'Etat en Afrique », *Le mois en Afrique*, n° 201-202, oct.-nov., pp. 76-79.

TRICONTINENTAL, 1982, « Famines et pénuries, la faim dans le monde et les idées reçues », *n° spécial*, Maspéro, Paris, 187 p.

VERDIER (R.), (non daté), *L'ancien droit et le nouveau droit foncier de l'Afrique noire face au développement*, 88 p.

YOUSSOUF MBARGANE GUISSE, 1979, *Philosophie, culture et devenir social en Afrique noire*, NEA, 186 p.

D — Articles, documents et ouvrages généraux.

BLOCH (M.), 1968, *La société féodale*, Albin Michel, 702 p.

BOURDIEU (P.), PASSERON (J.-C.), 1970, *La reproduction (élément pour une théorie du système d'enseignement)*, Minuit, Paris, 279 p.

COUTY (Ph.), 1981, « Le temps, l'histoire et le planificateur », *Amira*, n° 32, juin, 12 p.

DOBB (M.) et SWEEZY (P.-M.), 1977 (a), *Du féodalisme au capitalisme : problèmes de la transition*, Maspéro, Paris, 238 p.

— 1977 (b), *Du féodalisme au capitalisme : problèmes de la transition II*, Maspéro, Paris, 191 p.

ENGELS (F.), 1977, *Anti-Dühring*, Ed. Soc., Paris, 495 p.

FOUGEYROLLAS (P.), 1979, *Sciences Sociales et marxisme*, Payot, Paris, 271 p.

GANSHOF (F.-L.), 1982, *Qu'est-ce que la féodalité ?* Tallandier, 296 p.

GODELIER (M.), 1984, *L'idée et le matériel*, Fayard, Paris, 348 p.

GURVITCH (G.), 1954, *Le concept des classes sociales*, CDU, Paris V, 138 p.

— 1962, *Dialectique et sociologie*, Flammarion, 312 p.

GUTELMAN (M.), 1974, *Structures et réformes agraires (instruments pour l'analyse)*, Maspéro, Paris, 200 p.

GUYOT (J.-C.), 1982, *Quelle médecine pour quelle société ?*, Privat, Toulouse, 366 p.

JALLEE (P.), 1977, *L'exploitation capitaliste (initiation au marxisme)*, Maspéro, Paris, 136 p.

LENINE (V.-I.), 1977, *Œuvres choisies en trois volumes*, Ed. Progrès, Moscou, 856 p.

MARX (K.), 1957, *Contribution à la critique de l'économie politique*, Ed. Soc., Paris, 309 p.

— 1977 (a), *Le Capital*, livre premier, Ed. Soc., Paris, 762 p.

— 1977 (b), *Le Capital*, livre troisième, Ed. Soc., Paris, 867 p.

ENGELS (F.), 1972, *Le manifeste du Parti Communiste*, Ed. Soc.,

Paris, 96 p.

— 1968, *L'idéologie allemande*, Ed. Soc. Paris, 632 p.

POULANTZAS (N.), 1971, *Pouvoir politique et classes sociales II*, Maspéro, Paris, 196 p.

ROCHER (G.), 1968, *Introduction à la sociologie générale, l'action sociale*, T. I, Ed. HMH, Ltée, 186 p.

SCHNEIDER (M.), 1978, *Lénine, sur l'économie*, 10/18, Paris, 508 p.

SCHUMPETER (J.-A.), 1984, *Impérialisme et classes sociales*, Flammarion, Paris, 291 p.

TOURAINE (A.), 1973, *Production de la société*, Seuil, Paris, 542 p.

— 1974, *Pour la sociologie*, Seuil, Paris, 243 p.

— 1984, *Le retour de l'acteur*, Fayard, Paris, 349 p.

Table des matières

613314 - Juillet 2015
Achevé d'imprimer par

1livre.com
du rêve à la réalité !

Printed in Dunstable, United Kingdom

91223677R00137